武術武道技術：11

英國皇家
特種部隊格鬥術

SAS

防暴制敵經典教範

張　海　編著

大展出版社有限公司

前 言

提起 SAS 來，對於那些軍事迷和野外生存愛好者來說，一點都不陌生，而且大家都會不約而同地想到約翰·懷斯曼（John wiseman）那本行銷百萬的全球暢銷書——《SAS 生存手冊》。

那是一本救命的書、一本出門就需要的書，有這麼一本書，僅憑一把刀和書中的知識，就可以在任何地方、任何天氣、任何條件下生存下去。透過那本書，我們掌握了許多如何在極端惡劣的環境與條件下生存的方式和技能，同時我們也對 SAS 有了深刻的瞭解與認識。

那麼，SAS 到底是指什麼呢？

SAS 是英國皇家空降特勤團（Special Air Service）的英文縮寫。空降特勤團是英國最精銳的特種部隊，也是世界十大特種部隊之一。它是世界上最令人感到畏懼也是最受人尊敬的特種部隊，擁有傳奇般的聲名，是大部分現代特種戰術的開創者，也是所有現代特種部隊的楷模。他們以能在短時間內準確而高效地完成任務而著稱，約翰·懷斯曼就曾經是一名優秀的 SAS 教官。

英國皇家空降特勤團（SAS）成立於第二次世界大戰初期，最開始的名字是「哥曼德」。SAS 經歷了所有的沙漠戰役，在義大利和歐洲西北部，因以訓練精良的小型團體深入敵後獨立作戰，而建立良好聲譽，被德軍稱之為「紅色魔鬼」。德軍著名統帥「沙漠之狐」隆美爾曾經下

過「對抓獲的特別空勤團俘虜就地槍決」這樣的命令，足見其對納粹的威懾力有多大。

第二次世界大戰結束以後，SAS 幾乎參加了所有英國在海外的戰爭與戰鬥，在一系列反殖民戰爭中，SAS的足跡遍及馬來亞、阿拉伯半島的阿曼、遠東地區的婆羅洲，在各種特別行動中表現突出、名聲顯赫。

1969 年，北愛爾蘭的情勢突然動盪不安，SAS 便開始了與愛爾蘭共和軍的長期對抗。

1980 年 5 月，在倫敦伊朗大使館突襲戰中，SAS 以強硬的作戰手法呈現在世界各國電視攝影機前，渴望英雄的世界傳媒讓 SAS 聲名大噪。這次行動被稱為「獵人行動」，由攻擊發起時算，破門窗而入，接戰、殲敵、救出人質、逐屋肅清、確認後全體隊員撤離現場，一共只花了17 分鐘，沒有任何人膽敢質疑 SAS 的行動效率與能力。這是一次教科書式的經典行動，因為 BBC 全程轉播，而且以多機長焦鏡頭特寫詳細記錄，成為全世界特種部隊廣泛研究的範例。

到 1982 年時，SAS 看來似乎要定型於他們反恐怖分子的角色時，出乎大家意料之外的，阿根廷福克蘭戰爭爆發。SAS 立刻參戰，並以這次機會再次提醒全世界，他們是一支專為戰爭而訓練的特殊團隊。

1991 年，SAS 又重回到沙漠之中，與美國三角洲特種部隊並肩作戰，一同搜尋伊拉克的「飛毛腿」導彈。

SAS 之所以具有如此驕人的戰績，不僅源於其裝備的先進與精良，更在於其成員選拔的苛刻與訓練的嚴格。特別空勤團成員的選拔堪稱優中選優、萬里挑一，嚴格程度令人難以想像。

據英國《恐怖主義！西方反擊》一書透露，僅 1979年至 1980 年，竟有三名士兵在耐力測驗中累死，據說還有一名是少校軍官。這種超乎尋常的嚴格緊張的訓練選拔一般長達兩年之久，分為超強度的體力測驗、耐力測驗、野外生存和反審訊訓練、高空自由跳傘與兩棲駕駛技術訓練、外國語和射擊爆破訓練、反恐制暴與徒手格鬥技能訓練等六個階段來完成。

防暴制敵的徒手格鬥技術，是每一名 SAS 成員必須掌握的最基本的技能。在短兵相接的肉搏戰鬥過程中，想要保護自己、消滅敵人，徒手格鬥技能是否過硬，是決定勝敗的關鍵所在。因此，在特種部隊的日常訓練當中，也被列為重點科目。

SAS 徒手格鬥體系主要包括打擊技術、防禦技術、摔跤技術、擒拿抓捕技術、地面打鬥技術、針對槍械與短刀威脅的防禦技術等幾個部分，內容十分豐富，而且絕對都是經歷過戰火洗禮的實用至上、實而不華的格鬥技術。

眾所周知，關於英國皇家特種部隊徒手格鬥訓練的原始資料是很難找到的，國外公開出版的書籍也寥寥無幾，據筆者所知，中文版的則幾乎沒有。為了滿足廣大格鬥愛

5

好者和軍警特勤人員的需求，筆者不揣淺薄，編撰了這本《英國皇家特種部隊格鬥術 ——SAS 防暴制敵經典手冊》，僅供大家學習參考之用。

　　本書針對 SAS 徒手格鬥體系內容進行了詳細的介紹，筆者力求用通俗易懂、樸實流暢的文字，以及生動新穎、準確到位的插圖，將這套格鬥體系真實地呈現給廣大讀者。寫作過程中，參考了《SAS and Elite Forces Guide Extreme Unarmed Combat》、《SAS Self-Defence》、《The SAS Self Defense Handbook》等大量英文資料。由於筆者格鬥經驗與英文水準有限，書中難免出現偏差與謬誤，敬請大家指教。

CONTENTS
目錄

英國皇家特種部隊格鬥術　SAS防暴制敵經典教範

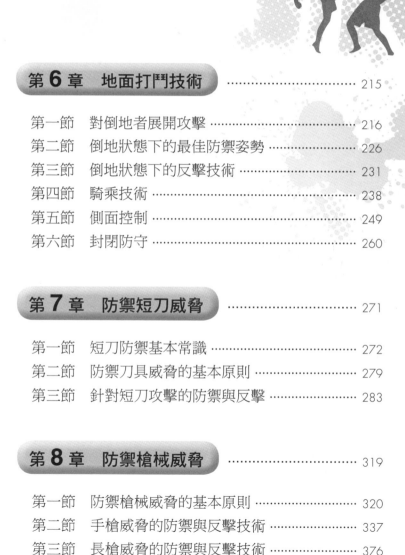

英國皇家特種部隊格鬥術 **SAS** 防暴制敵經典教範

第 **1** 章

• 格鬥基礎

在這一章節中所提及的所有格鬥基礎知識，事實上也是全書介紹的整個格鬥體系的基礎，放在本書介紹的任何技術環節中，都是適用的。

第一節 ▶ 瞭解你的身體

作為一名即將接受徒手格鬥訓練的軍人，你首先要對自己的身體有所瞭解，你要知道自己長處是什麼？優勢何在？弱點何在？這樣你才會在面對敵人的時候，做到知己知彼，有備無患。

一、你擁有的肢體武器

刀劍棍棒是冷兵器，長槍短炮是熱武器，作為一名特種兵，你當然會擁有各種先進的武器，這是你的優勢所在。但是，也有時候，你會赤手空拳，不得不面臨徒手進行格鬥的局面，面對殘暴的敵人，你必須將骨肉鑄造的肢體作為有效的武器來進行肉搏。

在徒手搏鬥與近身格鬥過程中，身體的任何部位都是進行打擊和控制敵人的武器，不僅僅侷限在拳腳上，全身自上而下共有 40 多處部位可以用來實施有效打擊，甚至牙齒都可以在特定情況下用來撕咬敵人，正所謂「武裝到牙齒」。

為了達到制服對手的目的，當然可以無所不用，不擇

手段。但前提是，你得充分瞭解你的身體哪些部位可以作為有效的武器來施展攻擊，並且根據具體情況選擇正確的武器，以最快的速度和最準確刁鑽的角度攻擊對手的要害部位，釋放出身體裡所有的能量，予以致命一擊。

下面我們介紹一下常用的肢體武器。

【拳頭】

拳頭是最常用的攻擊武器，當五指屈握成拳頭的時候，它便形成了一件堅硬的武器，彷彿一把鐵錘。

拳頭同時具備了多個打擊力點，其中拳峰、拳輪最具打擊力度（圖 1-1-1、圖 1-1-2）。拳頭幾乎可以用來攻擊敵人的任何身體部位，攻擊效果都是非常明顯的。

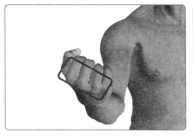

圖 1-1-1

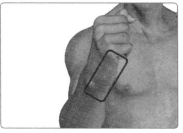

圖 1-1-2

【掌刃】

以掌刃為力點進行攻擊的方式（圖 1-1-3），在日本空手道中被稱之為「手刀」，因為其形狀與打擊的方式多為劈砍動作，酷似一把刀在舞動，故而得名。

以「手刀」進行攻擊時，由於掌刃著力點面積小，力量集中，猶如一把鋒利的尖刀，在關鍵時刻針對對手的要害與關節部位實施的劈砍，可以瞬間令其筋斷骨折、疼痛

難忍，從而削減其戰鬥力，收到以弱制強、以小勝大的出奇效果。

【指尖】

以指尖進行戳擊（圖1-1-4），同拳頭的打擊方法相比，更具有殺傷力，因為掌指在尺寸上較拳長，且快捷隱蔽、變化多端、凌厲威猛、刁鑽狠辣。指戳要想發揮出威力，收到打擊的預期效果，是有前提的。

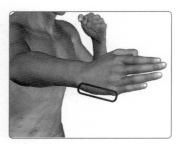

圖 1-1-3

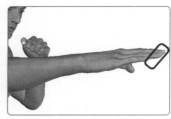

圖 1-1-4

對於一個沒有經驗的人來說，利用手指進行擊打時會產生許多問題，如果手型不正確，非但無法給對手造成創傷，反而會損傷自己。原因在於人類指關節是非常脆弱的，關節小、力量差，很容易造成挫傷。由於手指攻擊的特殊性，不論是訓練時還是實戰中，都不要使用蠻力，在強調動作與姿態正確性的同時，要努力增強攻擊速度和打擊的準確性。強調出手速度迅猛隱蔽，令對手猝不及防。

【手掌】

手掌即我們俗稱的巴掌（圖1-1-5），可以用來抽扇敵人的臉面，尤其是擊打耳朵，力道足夠的情況下，可

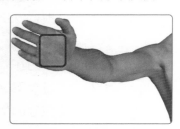

圖 1-1-5

以致使其耳膜破裂。在攻擊時手掌要儘量張開，以增加打擊面積。

【掌根】

掌根在運用時（圖 1-1-6），要求手掌豎立起來，手腕與手心垂直，使用掌底鼓起的部位進行攻擊。具體運用時，可以徑直向前上方推撐，因掌根骨質堅硬，發力充沛，破壞力銳不可擋。推擊下頜最為有效。

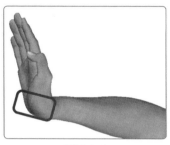

圖 1-1-6

【虎口】

即拇指與食指張開、雙手指尖形成如同剪刀一樣形狀（圖 1-1-7），以此處為力點去鎖掐敵人的喉嚨，力道足夠的情況下，可以瞬間擰斷對方的喉頭，或令其窒息，在近身肉搏中適用，效果極佳。

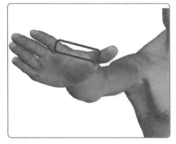

圖 1-1-7

【肘尖】

肘尖鷹嘴部堅硬且銳利（圖 1-1-8），作為肘部的支撐和傳力部分的大臂粗壯有力，故肘尖的攻擊力強大，打擊強度非常高，銳不可擋。在實戰中，利用肘尖進行攻擊的

方法變化多端，易攻易守，預兆性小，打擊面廣。是一件既實用、又便於隨時發揮的武器。

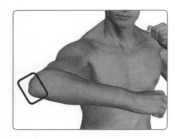

圖 1-1-8

【腳背與腳尖】

腳背與腳尖（圖 1-1-9），在具體運用時應儘量將腳趾向下彎曲，繃平腳背。一般適用於彈踢，攻擊敵人下盤襠部，最為實用、靈活。

【腳跟與腳底】

腳跟與腳底（圖 1-1-10），在具體運用時應將腳背儘量上翹，才能發揮其威力。適用於蹬、踹、踩、踏，可攻擊對方身體任意部位。

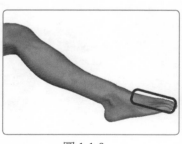

圖 1-1-9

圖 1-1-10

【小腿脛骨】

脛骨俗稱毛脛（圖 1-1-11），以小腿脛骨為力點進行攻擊，多表現在弧線踢這種腿法上，其攻勢兇猛，威

圖 1-1-11

力強悍，往往一擊可以令敵人轟然倒地，原因不僅在於其動勢巨大，更源於其著力點是脛骨。

　　小腿脛骨本身是比較堅硬的，在強大動勢的驅動和身體的旋轉作用下，其發揮出的力道足可以與棍棒媲美。

【膝蓋】

　　膝蓋指膝關節屈曲突出部（圖 1-1-12），是非常堅硬有力的部位，用膝蓋進行攻擊，在近身纏鬥中是最為實用的重磅武器，其威力巨大。這也是為何泰拳手都特別注重膝技訓練的原因所

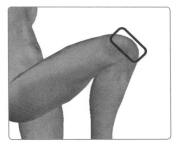

圖 1-1-12

在。實戰中，一記兇狠的飛膝，可以瞬間制敵於死敵。

　　如果用於攻擊胃部、面部，其功效與威懾力，絕對是令人汗顏的。

【額頭】

　　額頭處的顱骨相對而言是較為堅硬的（圖 1-1-13），一般在近身纏鬥中，可以用於攻擊敵人臉面、鼻子、太陽穴等薄弱部位。

　　在運用額頭進行攻擊時，要注意應舌抵上齶，以免牙齒因衝撞而咬傷舌頭。

圖 1-1-13

二、易遭受攻擊的身體部位

打擊要害部位和薄弱環節，這是瞬息萬變的肉搏中「一招制敵」最有效的途徑。先發制人、尋找要害部位重點打擊，往往比任何技術都行之有效、立竿見影且事半功倍。

打擊要害的關鍵在於實施者要熟悉掌握人體構造，瞭解哪些要害可以在實戰搏擊中起到一招斃命的效果。

要害部位主要指維持人體生命運轉與活動的重要器官，以及容易遭受打擊或者擠壓而傷殘的部位。由於人體生理結構的特殊性，在一些特定部位，內臟距體表很近，外面沒有厚實的肌肉群或充分堅實的骨骼保護，也就是我們常說的人體薄弱、要害部位。

有針對性地打擊這些部位，必然會刺激該臟器豐富的神經群，造成無法忍受的劇烈疼痛，力量達到一定程度時，會直接損傷該臟器而危機生命。

人體的要害部位分為頭頸部和軀幹兩大類（圖 1-1-14、圖 1-1-15）。

其中頭頸部要害包括太陽穴、眼睛、耳朵、鼻子、下頜、喉結、咽喉、側頸、後頸、後腦等；軀幹部要害包括心窩、心臟、腹部、側肋、腰部、襠部、腋窩、脊椎以及肢體各主要關節部位。這些器官與人的生命息息相關，遭受重創後，輕者致殘，重者當場斃命。

打擊要害的關鍵技術要領是速度、力量和準確性這三者的有機結合，至於打擊的方式則多種多樣，徒手、器械皆為所用。

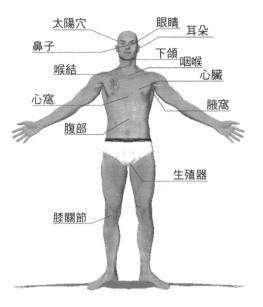

太陽穴　眼睛　耳朵
鼻子　下頜　咽喉
喉結　心臟
心窩　腋窩
腹部
生殖器
膝關節

圖 1-1-14

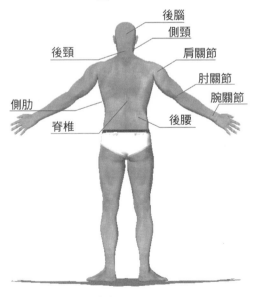

後腦
側頸
後頸　肩關節
肘關節
腕關節
側肋　後腰
脊椎

圖 1-1-15

【太陽穴】

太陽穴位於上耳廓和眼角延長線的交點上，此部位骨質脆弱，距離大腦較近，且有一條動脈與大量神經集中皮下。如果遭受打擊，不僅血管壁膨脹，以致血液流通不暢，造成大腦缺血乏氧；而且因頭顱外附著極薄的肌肉與毛皮，又是顱骨最薄處，顱內極易受到震盪。著力打擊可令人昏迷，甚至死亡。

打擊太陽穴的方法通常是用拳擊、掌砍、指點，也可以用肘尖撞擊，如果實戰中敵人已被我制服在地，則可以用足尖踢擊其太陽穴。

【眼睛】

眼為心之苗，七竅之首，眼睛沒有骨骼和大肌群保護，難以承受外力的輕微打擊，用指尖進行戳擊，往往可以造成非常嚴重的傷害。

【鼻子】

鼻子的鼻梁骨很脆弱，遇擊打，鼻骨極易粉碎，可致疼痛難忍，並暫時失明；如猛烈打擊，可將骨頭碎片楔入腦顱內，使之當場斃命。打擊鼻梁；通常可以使用拳頭捶擊、掌刃砍砸；如近距離交手，在對方俯身低頭時，也可以用膝蓋頂擊；在纏抱扭打時，也可以用頭部衝撞。

【耳朵】

耳朵是人類的聽覺器官，在實戰中，「眼觀六路，耳聽八方」，訊息靈通與否，對於勝負起著至關重要的作

用。如果用雙手掌或雙拳同時擊打雙耳，所造成的創傷是極大的，輕則會擊穿對方耳膜，令其神經受到衝擊，或致使耳內出血，重則足可以令其產生腦震盪。

【下頜】

下頜俗稱下巴，因外力作用，下頜骨髁狀突運動時如超越正常限度，脫出關節凹而不能自行回復原位，可致顳下頜關節脫位。

【咽喉】

咽喉為人體的食道和呼吸要道，兩側附有頸動脈血管，如果用力卡、掐、絞，不僅使人呼吸困難，而且會造成血液流通不暢，大腦供血不足，缺氧，令人頭昏、窒息，以及發聲困難。在實戰中，也可以迅速以一指或兩指，直戳敵人咽喉下部凹處，可使對方窒息、咳嗽，甚至破喉而入，當場斃命。

【喉結】

喉結是咽喉處一個重要的部位，除重力打擊外，交手時對其卡、抓、索、拿，同樣可以起到打擊敵人的目的。

【後腦】

後腦內部的主要組織成分是小腦，其所擁有的神經元數量占整腦神經元總數的一半以上，是人體重要運動調節中樞所在。

重擊此處，可造成腦震盪、昏厥，甚至形成植物人。

【後頸】

後頸部頸椎是頭部與軀幹相連接的重要部位，它能夠前後左右轉動，如遭受打擊或者用力擰轉，可引起神經與大腦機能失靈，因而導致四肢失控、僵硬、麻木，甚至當場死亡。

頸椎骨所在，可以用手掌或拳輪由上向下砸擊。

【側頸】

頭和頸其實是不可分割的一體，頭載於頸上，由於此處有頸靜脈、頸動脈和迷走神經分佈，可以用手掌外側猛然砍擊，可令敵人失去知覺，昏迷但不致死亡。

【心臟】

心臟對於人體的重要性不言而喻，同時其脆弱性也眾所周知，重拳打擊心臟，可導致心臟脫落，當場斃命；輕者也會引發心絞痛，喪失反抗能力。

【心窩】

心窩處是太陽神經叢所在地，打擊此處需要具有穿透力，一般用拳棱或指尖擊打，可令對手產生劇痛，或向前趨趄，或癱倒在地。

【腋窩】

腋窩皮下存在一條粗大的神經，用拳肘打擊此處可產生劇痛或短暫的局部癱瘓，在敵人摔倒時，也可以用腳尖猛踢。

【腹部】

上腹是胸腔劍突以下、肚臍以上部位。由於腹主動脈血管流經此處，如遭受突然用力打擊，血管受到壓迫，導致血液不能流暢，影響心臟跳動，局部嚴重疼痛，或造成休克。近距離交手時，可以用拳擊打，遠距離時可以用腳尖踢擊。

【側肋】

軟肋是指肋骨中最下部的游離肋，這些骨骼細小，附著其上的肌肉和皮膚很薄，故在外力打擊下，極易骨折而傷及肋骨內的肝臟等器官。

【後腰】

腰部為腎之所在，腎部皮層下有一些從脊椎骨分支的重要神經，打擊此處，可致使腎器損傷，並引起嚴重的神經震動，形成內傷。實戰中可以用掌刃或拳輪擊打，也可以用肘、膝襲擊。

【脊椎】

脊椎是支撐身體、緩衝壓力、震盪以及保護內臟的器官，脊椎內含脊髓，脊髓係中樞神經的一部分。脊髓兩旁發出許多成對的神經（稱為脊神經）分佈到全身皮膚、肌肉和內臟器官。脊髓是周圍神經與腦之間的通路，也是許多簡單反射活動的低級中樞。脊柱受傷時，常伴隨脊髓損傷。脊髓嚴重損傷可引起下肢癱瘓、大小便失禁等。如果敵人被打倒在地，即可用膝、肘、腳跟、腳尖擊打此部

位。站立打擊時，最好用拳打擊腰帶上方 7～8 公分處。

【生殖器】

男性生殖器位於襠部，因為睪丸很脆弱，對外界的反應特別敏感，只要稍微用力的擊打就會疼痛難忍，從而導致行動能力喪失。近距離格鬥時，最有效的獲勝手段就是襲擊襠部。實戰中，可以使用膝部頂撞，也可以用拳擊、掌砍、腳踢或者用手狠抓。

【肩關節】

肩關節是人體上肢最大的關節，由肱骨頭和肩胛骨的關節盂構成，屬於球窩關節。肩關節面的大小差別明顯，關節窩平淺，骨與骨之間的吻合也差，關節囊鬆弛，且韌帶少而弱。肩關節同時也是人體活動範圍最大的關節，能做內收、外展、前屈、後伸及旋轉等運動。

正因為它活動範圍大，穩定性較差，所以也最容易受傷，如遭暴力左右擰轉或向後扳動超過正常生理極限時，就會造成脫臼或韌帶撕裂。

【肘關節】

肘關節位於上臂與前臂之間，是整個上肢運動鏈的中樞環節，控制了肘部就可以說基本上控制了上肢。在實戰中對敵人擒鎖有一半是以擒鎖肘關節來實現的。

肘關節的外伸角度極小，在實戰中常常因為細小的撞力（固定腕部，對肘尖加壓或撞打）即會造成肘關節脫臼或韌帶拉傷、鷹嘴骨折等。

【腕關節】

腕關節是前臂的主要關節，處於整個上肢運動鏈的游離端，手、拳、掌、指的運動都是由腕關節來實現的。

腕關節的活動範圍很大，能作前屈、後伸、內旋、外旋等運動。但由於骨與骨之間完全靠韌帶連接（**此處肌肉很薄弱**），故在外力壓迫和暴力打擊下，極易超出其正常的生理活動範圍，輕則造成韌帶撕裂、脫臼，重則可導致骨折。

【膝關節】

膝關節是人體下肢連接大腿和小腿的中間環節，是下肢運動鏈的中樞環節，是人體中較大且最為複雜的關節。膝關節在伸直以後，由於受到膝交叉韌帶和副韌帶的限制，不能繼續背伸，如果針對膝蓋上方向下施加壓力，會造成膝關節折斷；如果針對膝關節後部膕窩處向斜下方施加壓力，可導致身體向前跪倒；針對膝關節實施內、外旋轉，可導致膝關節半月板、外側副韌帶及髖關節損傷。

由於實戰中身體的快速移動和大部分腿法的運用，都是依賴膝關節的屈伸完成的，所以針對膝關節的有效擒鎖，可以給對手下肢造成嚴重創傷，導致其行動不便，衰減其進攻能力。

第二節 ▶ 預備姿勢

預備姿勢，來源於拳擊運動的「實戰姿勢」。預備姿勢，首先強調防守上的嚴密性，合理的站姿可以減少被攻

擊的面積和機會，而且每次發起進攻動作之後，都能快速恢復到這一姿勢，以便有效地進行下一輪的進攻與防守。同時這種站姿能使格鬥者隨時處於準備搏擊的臨戰狀態，使肢體能夠最有效地發揮出力量、速度上的優勢，達到瞬間擊潰敵人防線的目的。

預備姿勢，具備重心穩定、意圖隱蔽、進攻迅速、防守嚴密、機動靈活、安全實效的優點，是一種非常科學的格鬥站姿，是其他所有技術得以有效發揮的根本，也是格鬥者入門必修的基本功，具有極高的實戰價值。

一、正確的預備姿勢

根據人的生理特點與格鬥經驗，基本站姿原則上都是將有力的手放在後面。我們現在示範的姿勢為左前式站姿（圖 1-2-1），即左腳與左拳在前，這種站姿最為普遍，當然也有部分「左撇子」使用右前式站姿（圖 1-2-2），其動作要求與技術要領除方向相反外，並無其他差異。

圖 1-2-1　　　　　圖 1-2-2

【兩腳的姿勢】

兩腳前後分開，左腳在前，腳尖稍向內扣，右腳在後，腳尖指向右斜前方，腳跟提起稍離地面，以前腳掌撐地，兩腳的肌肉要放鬆。兩腳前後距離，一般是前腳的腳跟至後腳的腳尖之間，要稍寬於肩，具體的寬度可根據自己的身高、腿長來確定，要避免過寬或過窄。

如果距離過寬，身體重心雖然穩定，但是兩腳的移動速度會受到影響，導致動作遲緩。反之，距離過窄，儘管步法靈活了，但會影響身體重心的穩定性。所以，保持合適恰當的距離至關重要。同時要注意，兩腳切忌站在同一條直線上，以避免實施進攻或防守動作時，身體側倒而失去平衡。兩腳內側間距，一般保持在 15～20 公分。

兩腳正確的位置應該是，以站立時後腳腳跟處畫一條與腳掌垂直的直線，再沿前腳外沿劃一條切線，這兩條延長線相交形成的夾角約為 40～45 度。

【雙腿的姿勢】

為了身體重心的平穩，便於靈活地實施動作，前腿要自然彎曲，後腿膝關節彎屈較大，約成 130 度角。

兩腿肌肉放鬆，具有一定的彈性，切勿過於緊張，否則會影響動作的速度和靈活性，重心落於兩腿間。

【軀幹的姿勢】

身體要側向前方，以胸、腹的左側對著對手，這樣可以有效減少遭受攻擊的面積，並且不會影響自己出拳的動作。上體略前傾，自然含胸收腹，髖關節自然放鬆，臀部

內斂,切勿下坐、後撅或扭動。

【頭部的姿勢】

保持頭部的正確姿勢對於任何一種格鬥技術而言都具有特別重要的意義。我們知道,由於中樞神經的作用,改變頭部的位置可以使四肢肌肉的緊張度進行重新分配。為了保持身體的平衡,頭部就必須保持一定的姿勢。

頭部的正確姿勢應該是端正、稍向下低,下頜內收,這樣做的目的在於保護下頜與咽喉,同時可以使頸部肌肉保持一定的緊張狀態,使面部、前額在遭受外力打擊的情況下有良好的支點。下頜內收的同時,注意咬緊牙關,雙唇自然閉合。面部表情沉著自然,切勿暴露自己的內心活動與情緒變化,防止對手從面部表情中發現自己的攻擊意圖。雙眼注意觀察對手的上體、肩部,並用餘光注視其全身動作。切忌眼睛僅死死盯住對手某一局部,這是格鬥中的致命錯誤,也是初學者容易犯的毛病。

【兩臂的姿勢】

兩臂自然彎屈、放鬆,兩肩下沉,肩背部肌肉放鬆,避免由於緊張用力而妨礙動作,引起疲勞。

前面的手臂為了有效地保護上盤和利於快速出擊,應適當前伸、上提,大小臂之間角度稍大於 90 度,大臂與軀幹左側夾角約成 45 度,使拳頭的高度與肩齊平,拳眼朝向後上方,其高度不能妨礙自己的視線,眼睛由拳峰的上面可以清晰地觀察對手一舉一動,肩、拳、肘三點距離相等。

後面的手臂彎屈要略大些，靠近肋側，握拳置於下頷右側附近，拳眼朝向後上方，以便保護面部、下頷和軟肋。兩肘自然下垂，可以使兩小臂形成兩道屏障，起到保護兩肋和上體的作用。

【手部的姿勢】

　　正確的握拳和出拳方法不僅可以增加拳擊的力量，而且還可以防止和避免指關節與腕關節損傷。

　　正確的握拳方法是：四指併攏、彎屈，指尖貼住掌心，大拇指彎屈後貼在食指和中指的第二指骨外側。兩拳在身體垂直中線的兩側，左拳的高度和雙拳前後的位置，正面形成了兩道防線。

　　注意，在「戒備」狀態下，雙手要握空拳，自然半握，這樣手臂肌肉較為放鬆，在打擊動作的最後一瞬間，再將拳頭握緊，手臂的爆發力才能得到最大的釋放。同時，對於直接完成拍擊、阻擋等防守動作來說，半握拳的實戰意味更濃。如果雙拳緊握，且不說手臂肌肉緊張度增加，在做防守動作時，必須伸出手指由拳變掌才行，與握空拳相比，動作就不夠簡練。

　　在練習和掌握技術的過程中，必須注意養成隨勢都能迅速自如地握緊拳頭的習慣，而且還要知道什麼時候握緊才行。始終握緊拳頭或者過早將拳握緊，都會由於手、臂肌肉的過渡緊張而很快引起疲勞，從而影響出手的反應和速度。初學者和技術水準不高的格鬥者，常常不是在出拳的過程中將拳握緊，而是出拳前先攥緊拳頭，認為這樣會更有力量擊中目標，其實恰恰相反。

二、錯誤糾正與訓練方法

預備姿勢，對於初學者來說，看似簡單，但是真正達到動作準確到位，則需要由認真刻苦的練習和反覆的實踐才能逐步掌握，並形成適合自身特點的牢固動力定勢。

初學者經常會出現如下毛病：

(1) 上體與兩臂過於緊張，兩肩僵硬不能自然下沉，或者一肩高，一肩低。

(2) 膝關節緊張，髖關節不夠自然、放鬆，臀部下坐。

(3) 拳頭握得過緊，兩肘外張，而不是保持在應有的位置自然下垂。

(4) 不能按要求收下頷，而是將收下頷簡單地認為是低頭。

(5) 兩腳不能平均負擔身體的重量，兩腳姿勢形成「丁」字形或者站在一條直線上。

(6) 抬頭挺胸，左右拳前後在一條直線上，手腕不正直。

這些錯誤的出現，多是因為對動作要領領會得不夠，缺乏認真練習的緣故。只要刻苦訓練，反覆實踐，很快就能夠得到改善和提高。

初學者可以面對鏡子進行對照練習，邊做動作邊觀察、對比自己的姿勢是否符合要求。在保持動作與姿勢的情況下，認真瞭解身體各部位的動作形態以及相互關係，體會身體各部位在保持基本站姿時的感受，加深對動作的印象，形成完整的動作概念。實踐證明，採用這種方式練習，是初學者儘快掌握基本站姿最行之有效的手段。

此外，為了使練習者進一步提高技術水準和及時發現存在的問題，還可以採用「隨時反應訓練法」。練習者原地站立或者自由活動，聽到信號後立即做出基本站姿，然後檢查身體各部分動作是否正確，對出現的錯誤及時更正，之後再還原信號發出前的狀態。反覆進行，逐步熟練，形成一種「條件反射」。這種訓練方法更有利於提高實戰中的反應能力，使自身能隨時進入戰備狀態。

在練習者已經基本掌握動作要領的情況下，可以進一步做一些向左、向右轉體，上體前傾、後仰，以及屈膝、直膝、半蹲、直立等動作，提高身體的靈活性、協調性和移動身體時保持重心平衡的能力。

第三節 ▶ 位置與距離

格鬥運動本身是一項在立體空間中進行的肢體運動，所以作為一名格鬥者，要有強烈的空間意識。在格鬥過程中要學會正確的站位，學會搶占優勢位置，掌握合適的距離，才能使自己時時處處利於不敗之地。

一、位 置

格鬥位置，指敵我雙方戰鬥過程中所處的位置。徒手格鬥與軍隊行軍打仗是一個道理，都強調「天時、地利、人和」。所謂地利，就是說你所處的位置有優越於敵人，這個位置更加有利於進攻，同時也更加便於進行防守。簡單來說，你站在敵人的背後，一定比敵人站在你的身後更利於攻擊對方。

那麼在激烈的格鬥過程中，一般會有哪些位置區別呢？哪些位置又是具有相對優勢的呢？下面著重給大家介紹下。

【水平站位】

水平站位指站立狀態下，自己的身體正面或者背面與敵人的身體正面或者背面呈平行狀態，你站在敵人正前方或者他的背後（圖1-3-1）。格鬥中，站在對方的正前方是非常不明智的選擇，你的門戶打開，身體要害暴露無遺。站在敵人的背後是最具有優勢的位置，你可以對其發動突然襲擊，而對方卻毫無防備。這種情況在雙方展開格鬥時，一般不會出現，大多是在偷襲敵人，實施捕俘、摸哨行動時，才會得到這樣的機會。同理，當敵人站到了你的背後，那也將是件非常不幸的事情。所以任何一位格鬥專家都會叮囑你，千萬不要讓別人站在你的身後。

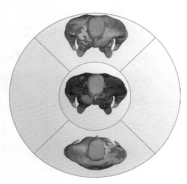

圖 1-3-1

【垂直站位】

垂直站位是指你的身體正面與敵人的身體側面呈垂直狀態（圖1-3-2），這種位置也是非常不利的，無論是進攻還是防守。反之，如果你的身體側面與敵人的身體正面垂直的話，優勢就偏向了你的這一面，因為身體側面朝向敵人，是任何一種格鬥體系都著重強調的站位。

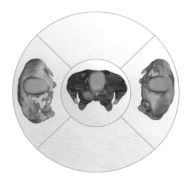

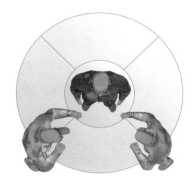

圖 1-3-2　　　　　　　　　　　　圖 1-3-3

【斜角站位】

斜角站位是指你站在敵人身體左前方或者右前方任一角度上，在敵人斜前方的位置上，側身朝向敵人（圖 1-3-3），是一種非常利於格鬥的位置，一般有經驗的格鬥者，都會選擇這個位置。

斜角站位是最利於進攻與防守的站位。

【地面上位】

地面上位是指當雙方都進入地面打鬥階段時，身體處於上方的位置，比如騎乘式（圖 1-3-4）、上方壓制（圖 1-3-5）等。這是一種非常具有優勢的

圖 1-3-4

位置。當你的身體牢牢地將對方壓制於身下的時候，對方是很難逃脫或者實施反擊的；而你則可以憑藉居高臨下的優勢，對其肆無忌憚地實施各種打擊或者降服技術。

【地面下位】

地面下位是相對地面上位而言的，是相對被動的位置，比如被對方騎乘或者壓制（圖1-3-6），是一種很無奈的位置，逃脫起來比較困難，也無法發出有力的打擊。

圖 1-3-5

圖 1-3-6

但是有的時候，有些下位姿態也不是完全被動，比如處於下位時，可以用雙腿牢牢鎖住對方的腰髖，形成封閉式防守姿態，在這種姿態下，你可以施展許多降服技令敵人屈服（圖1-3-7）。

當然，前提是你的地面技術要足夠好。

圖 1-3-7

【地面側位】

地面側位是指雙方倒地後，你的身體位於敵人身體的一側，這也是一種比較具有優勢的位置，比如側向壓制（圖1-3-8）、袈裟固（圖1-3-9）。

圖 1-3-8

實戰中，如果取得了這樣的位置，應該迅速針對敵人實施猛烈的打擊或者兇狠的降服，因為這種位置的優勢很難保持太長的時間，對手很容易逃脫，戰機稍縱即逝。

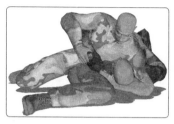

圖 1-3-9

二、距　離

格鬥距離，指敵我雙方戰鬥過程中所處的相對距離（圖 1-3-10）。在站立狀態的格鬥過程中，格鬥距離的問題是個很關鍵的、不可忽視的問題。掌握優勢地位，實際

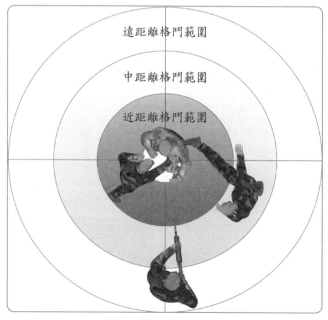

遠距離格鬥範圍

中距離格鬥範圍

近距離格鬥範圍

圖 1-3-10

上就是控制好敵我雙方的交手格鬥距離。

　　未經過專業訓練的人，經常犯的錯誤就是，他總是無意間站在了對手的打擊範圍內，而無法使對手處於自己的打擊範圍中，這是一件非常尷尬的事情，當然也是他最終失敗的主要原因。

　　因此，在學習格鬥的初期，掌握格鬥距離的相關知識，瞭解不同格鬥狀態下你應該處於何種位置，並且由不斷地訓練來提高你的「距離感」，是非常必要的。

【近距離】

　　近距離是指敵我雙方伸手便可以觸及到對方身體的距離。在這一距離內進行的格鬥，將會涉及一系列複雜的戰術性搏鬥技術。這個距離實際上是真實格鬥中最常見、最有效，也是最難掌握的，實戰中大多數的攻擊和威脅都發生在這個範圍內。

　　在這一距離內，你不僅可以使用各種拳法、肘法進行攻擊，也可以運用扭摔、投摔技術，甚至可以頭撞、牙咬、腳踩、抓頭髮。攻擊的手段豐富多樣。

【中距離】

　　中距離一般是指用腳踢擊可以到達的距離。一般是在戰鬥初起，或者即將結束、撤離現場時，主要可以用腿腳進行攻擊。

　　如果你是一名體力旺盛、身手敏捷的格鬥者，可以儘量保持在這個範圍進行打鬥，原因是在踢擊距離範圍內進行格鬥是比較耗費體力的事情。

同樣，當你面對的是一名善於腿擊的對手時，你首先面臨的問題就是要成功地突破他的腿法封鎖線，這就要求在身法和步法方面具備突出的表現。

【遠距離】

這裡所說的遠距離是指當敵人手持棍棒或者長槍對你形成威脅時所處的距離，一般敵人不願意將距離拉得更近，對方只是想憑藉他擁有武器的優勢與我保持一定的距離，從而達到威脅或者脅迫你的目的。

在這個距離範圍內，是很難發揮徒手格鬥威力的，只有逐漸縮短與敵人的距離後，才可能創造反擊的機會。

第四節 ▶ 保持移動

移動在格鬥中十分重要，這方面技術掌握的好壞，直接影響格鬥技術的運用與發揮，同時也是學習格鬥的入門基礎。

一、格鬥中保持移動的重要性

在格鬥過程中，為了完成進攻或防守行為，必須與對手保持適當的距離，也就是使自己能處於最優勢的位置上。即進一步能夠出招用技進攻對手，退一步能夠避開對手攻擊的距離。實戰中要始終保持一種「我離敵近，敵離我遠」的距離，使我能夠隨時有效地打擊到對手，而對手卻總是無法打擊到我。

要想確立這種優勢距離，必須用迅速、靈活的步法進

行移動和調整，並始終保持身體重心的穩定，這就需要有與之相適應的正確步法。

實戰中，雙方的距離是不固定的，而是處於不停頓的變化狀態，根據對手的行動，有目的地迅速移動腳步，調整與對手的距離，才能抓住戰機，有效打擊對手。同樣，為了避開對手的進攻，也必須運用快速的腳步移動來擺脫，使對手進攻的距離失調，有效地避免來拳打擊，或引誘對方出拳落空使其體力過多消耗。

實踐證明，有目的而不停地移動，進退自如，可使對手捉摸不定，增加精神上的負擔，干擾對手技戰術的實施而處於被動位置。

另外我們出拳時的打擊力量與步法移動也有著密切的關係。步法移動快的人，加上出拳速度快，能使自己的打擊力量大大地增加；而步法移動慢打擊力量大的人，往往出拳速度追不上對手，常會出拳落空，即使出拳打得到對手，打擊力量也大為減弱。

實踐證明，掌握和運用好步法可以達到和實現以下目的：

(1) 有利於提高出拳的速度和打擊的力量。

(2) 調整與對手的距離，為進攻和有力地擊中目標創造條件。

(3) 可以使對手進攻的距離失調，有效避讓對手的攻擊，削弱其打擊實力。

(4) 靈活多變的移動，可使對手捉摸不定，注意力不能集中，增加其精神上的負擔與壓力，阻撓其實施戰術，令其處於被動勢態。

二、正確的移動方法

格鬥步法不同於我們平時的走路，也不是一般的跑跳動作，是一種專門的腳步移動的動作。

在格鬥過程中步法儘量要做到聯貫流暢；步法運動時，兩腳擦地滑動，身體保持放鬆，讓肌肉處於休息狀態，這樣我們的身體就不容易引起疲勞。

【向前移動】

由左前格鬥姿勢開始，向前移動時，右腳掌蹬地，推動身體重心逐步向前過渡，同時左腳向前邁進一步，上體隨之向前移動，雙臂保持原有姿勢不變。上動不停，在左腳向前落步踏實的瞬間，右腳隨之向前跟進一步，使整個身體向前移動一步（圖 1-4-1、圖 1-4-2）。

前腳向前移動時，要沿地面滑動，不要抬腳過高。前腳腳尖不要轉動，應保持原來的姿勢。落地時不能用腳跟著地，而應用前腳掌內側著地，當前腳掌著地時，後腳迅速前滑跟上。後腳跟進時也要擦地滑行，切忌在蹬地後將腳抬起，以避免形成向前邁步的現象，影響身體重心的穩固性。後腳前滑落穩時，仍應保持在滑動前的狀態。後腳前移的距離要與前腳移動的距離相同。

向前滑動的步幅，一般不宜太大，應根據個人的身高而有所不同。身體重心應隨著兩腳的滑動平穩前移，避免上下跳動。兩腳著地後，身體重心仍需保持在兩腳之間。在滑步時，要保持基本姿勢不變。

這是使用最多，運用較為廣泛的一種步法，可以用來

緊逼對手，調動對手，使自己處於有利的位置；迫使對手處於被動不利的位置，為自己進攻製造機會。

圖 1-4-1

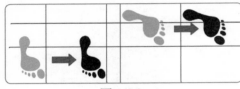

圖 1-4-2

【向後移動】

　　由左前格鬥姿勢開始，與向移動腳步的方向相反，先用左腳的腳掌做短促有力的蹬地，推動身體重心逐步向後過渡，同時右腳向後撤退一步，上體隨之向後移動，雙臂保持原有姿勢不變。上動不停，左腳迅速沿地面拉回，拉回的距離應與後腳滑動的距離相同，使整個身體向後移動一步（圖 1-4-3、圖 1-4-4）。

　　身體重心隨兩腳的移動平穩地後移，避免上體後仰。滑步時，要保持基本姿勢不變。後滑步同前滑步一樣，是應用最多、最普遍的滑步技術。在調整同對手的距離，尤其是在對手進攻或追逼的情況下，為了擺脫和避開對手的

擊打，經常運用後滑步。雖然這種滑步的方法簡單，但是在技術中卻具有重要的作用。

圖 1-4-3

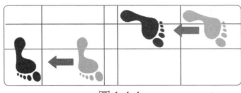

圖 1-4-4

【向右移動】

由左前格鬥姿勢開始，左腳的前腳掌用力蹬地，推動身體重心逐步向右過渡，同時右腳向右側邁出一步，上體隨之向右側移動，雙臂保持原有姿勢不變。上動不停，在右腳向右落步著地的瞬間，左腳隨之向右側移動一步，使整個身體向右側移動一步（圖 1-4-5、圖 1-4-6）。

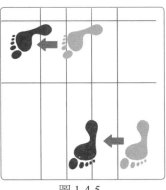

圖 1-4-5

圖 1-4-6

應注意兩腳滑動時應保持在幾乎平行的直線上滑動，不要斜向滑動。腳步移動過程中，身體要保持重心平穩，切勿左右搖擺。在完成滑步後，切忌變成正對對手的局面，而應保持側對對手的狀態。同時，上肢雙臂應始終處於戒備狀態。腳步幅度大小，可以根據實際情況需要而定，不是一成不變的。

【向左移動】

由左前格鬥姿勢開始，右腳的前腳掌用力蹬地，推動身體重心逐步向左過渡，同時左腳向左側邁出一步，上體隨之向左側移動，雙臂保持原有姿勢不變。上動不停，在左腳向左落步著地的瞬間，右腳隨之向左側移動一步，使整個身體向左側移動一步（圖 1-4-7、圖 1-4-8）。

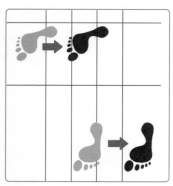

圖 1-4-7

圖 1-4-8

右腳移動的距離應與左腳滑動的距離相同。滑動的距離不宜太大，一般在 30～40 公分。如移動距離過大，身體容易失去平衡。隨著向左滑步，身體重心也需向左移動，待右腳橫滑著地後，迅速地將重心移至兩腳之間。在滑步時，要保持基本姿勢不變。

第 2 章
・防禦技術

★　雖然防禦對格鬥者來說並不是理想的選擇，但是為了生存，它卻是必要的選擇。從更好地保護自己，以求安全有效地打擊對手的角度來看，防禦技術與攻擊技術具有同等重要的地位，缺一不可。

　　SAS 特種兵在進行徒手格鬥訓練時，首先要強調防禦意識，並且要在投入戰鬥之前熟練掌握防禦技術，要傾注如同練習攻擊技術一樣的精力。沒有掌握精湛防禦技術的格鬥者，就如同是一個瘸腿行走的人。只有做到攻防兼備，全面掌握格鬥技術，才可以從容面對強悍的對手，臨危不懼、立於不敗之地。

第一節 ▶ 躲 避

　　抵禦敵人進攻的最好方法就是躲避，一般是指在步態不變的情況下，利用快速調整轉動身體角度或移動重心來實現的防禦方法，比如側閃、仰身、下潛等。

　　躲避技術不僅僅是簡單意義上的閃躲，它要求格鬥者必須具備敏捷的判斷、靈活的移動以及足夠強的平衡能力和協調能力，不與對手直接接觸而達到防守的目的，並待時機成熟時，尋找良好的角度、距離予以反擊，甚至可以做到防守的同時即展開攻擊，攻防兼備，打擊效率大大提高。

　　此外，也可以依靠腳步敏捷的變換，調整交手距離和

對敵角度來實現的防禦技法，比如後退躲避、側移躲避等。格鬥過程中，透過不斷地移動，你可以有效地躲避敵人的各種攻擊。

一、側向躲避

側向躲避主要用於對付針對上盤展開的直線型攻擊，如直拳、戳指。在完成動作時，憑藉頭部向對手攻擊手臂的外側偏閃，配合肩膀的斜前方小幅度的沉降，令對手進攻的拳掌從另一側肩膀和頭側掠過，使其攻擊落空，從而達到以最小的動作獲取最大的防禦效果之目的。

【技術應用】

(1) 雙方交手，敵人率先用右手直拳攻擊我頭部（圖2-1-1）。

(2) 我迅速向右側擰轉上體，左側肩頭略下沉，頭部朝左側偏閃，及時躲避來拳（圖2-1-2）。

(3) 旋即，可以用右手拳擊打敵人右側腋下或者肋部，予以有效地反擊（圖2-1-3）。

圖 2-1-1   圖 2-1-2   圖 2-1-3   *47*

【技術要領】

頭部和上體向側面躲閃，儘量朝敵人攻擊手臂外側躲閃，如果朝其手臂內側躲閃，很容易遭到其另一條手臂的攻擊。躲避對手的攻擊時，注意雙手和臂肘要在閃身的同時保護好頭部和身體要害。動作幅度要掌握恰當，幅度小了，避之不及，幅度若過大，容易破壞身體平衡。

二、仰身躲避

仰身躲避可以用來防禦各種針對上盤的突然攻擊。比如，針對對手使用直拳攻擊頭部時採用的仰身防禦；針對對手使用勾拳攻擊胸腹部時採用的仰身防禦；針對對手使用橫擺肘攻擊上盤時採用的仰身防禦；針對對手使用腿法攻擊頭部時採用的仰身防禦等等。

【技術應用】

(1) 實戰中，敵人突然上步逼近，以上勾拳襲擊我下頜（圖 2-1-4）。

圖 2-1-4　　　　　　　　　　　圖 2-1-5

(2) 我迅速將身體重心後移，以腰為基點令上體和頭部向後仰，以及時躲避敵人的拳頭（圖 2-1-5）。

【技術要領】

注意上體後仰的幅度要掌握得當，要根據對手攻擊的延伸程度來決定，幅度過小，達不到躲避的目的，幅度過大會影響身體重心的平衡穩定，也不利於快速復位發動反擊，一定要掌握好分寸。

在上體後仰的同時，雙手要始終處於防守姿態，後腿彎屈，腳和腿要有足夠的彈性，以便防禦動作結束後，將身體迅速彈回原有的格鬥防禦姿勢，或者順利轉化為其他攻擊姿態。

三、下潛躲避

下潛躲避就是向下蹲身，當我上盤遭遇對手猛烈攻擊時，我可以驟然蹲身，雙腿屈膝，重心下沉，導致其進攻落空。這種方法在躲避針對頭部的拳頭攻擊、肘法攻擊和高位腿法攻擊時非常有效。

【技術應用 1】

(1) 實戰中，敵人突然飛起右腿，以高位弧線踢攻擊我頭部（圖 2-1-6）。

(2) 我迅速雙腿屈膝，降低身體重心，垂直向下蹲身，及時躲避敵人的腿擊，

圖 2-1-6

令其由頭頂走空（圖 2-1-7）。

(3) 進一步，可以在敵人進攻失敗的瞬間，予以快速反擊，用右腿掃踢敵人支撐腿，破壞其身體重心平衡，致使其摔倒在地（圖 2-1-8）。

圖 2-1-7　　　　　　　　　圖 2-1-8

【技術要領】

蹲身下潛不僅能使自己躲避掉對手的進攻，而且能夠讓自己獲得有利的反擊位置。

在具體實施時，要求反應迅速，下蹲動作要敏捷，下蹲過程中，上肢要保持防衛姿勢，護住上盤。

【技術應用 2】

(1) 敵我雙方對峙，嚴陣以待（圖 2-1-9）。

(2) 對手突然前衝，揮舞右臂，以右手擺拳襲擊我頭部，來勢兇猛，我迅速含胸、收腹、低頭，雙腿屈膝向下蹲身，以下潛動作躲避敵人拳頭，令其擊打落空（圖 2-1-10）。

圖 2-1-9

圖 2-1-10

(3) 旋即，在對方拳頭走空的瞬間，猛然提起身體重心，揮舞左拳猛擊敵人後腦，予以反擊（圖2-1-11）。

圖 2-1-11

【技術要領】

身體重心的下沉與提起要轉換自如，動作流暢自然，重心直上直下，切勿左右搖擺，動作幅度要恰到好處。躲避的同時，雙手要保護好自己的上盤與中線。

第二節 ▶ 阻 格

阻格一般是在面對攻擊，沒有足夠的時間進行躲避的條件下進行的防禦手段。阻格防禦是最常見、也是最基本的防禦方法，主要是以肢體進行搪、架、格、擋等動作。

防禦的目標主要是對方的手、臂、腿、足，其目的在於直接阻遏對方的攻擊，同時更加強調具備攻擊性。

換言之，它不僅破壞對方的進攻，更強調運用格擋防禦技術時要能同時創傷對方的手足，打擊其自信。注重後發先制，以攻擊來達到防禦目的。

一、單臂阻格

單臂阻格即指以單側手臂或者直接用手針對敵人的攻擊肢體進行阻格，動作一般比較靈活多變，但阻擋力度相對較小，多用於阻格敵人的手腕等比較脆弱的部位。

【技術應用1】

(1) 實戰中，敵人用右手擺拳襲擊我頭部，我可以迅速抬起左臂，屈肘以大小臂外側與肘尖部位向外阻格對方右小臂內側，以化解其攻勢（圖 2-2-1）。

圖 2-2-1

(2) 旋即，可以向前移動重心，以右手直拳攻擊敵人頭部，予以還擊（圖 2-2-2）。

(3) 用左臂可以順勢針對敵人的右臂實施擒拿鎖控（圖 2-2-3）。

圖 2-2-2

【技術要領】

　　抬起手臂時要利
用大小臂摺疊形成的
三角部位進行阻格，
這一部位堅固牢靠。

　　不過有一點要注
意，在針對擺拳擊頭
的攻擊時，實施阻格
的瞬間不要過於靠近
對手，否則不但達不

圖 2-2-3

到防禦的效果，反而容易被拳頭擊中後腦。

　　要用手臂形成的三角形部位接觸對手小臂部位，而非
大臂部位，才能收到預期效果。

【技術應用 2】

　　(1) 當敵人突然抬起右腿，以弧線踢或者擺踢攻擊我
身體時，我可以迅速用左臂向外進行阻格，屈肘以大小臂
外側與肘尖部位接觸對方腳踝位置，以化解其攻勢（圖
2-2-4）。

　　(2) 如果敵人用左腿攻
擊，即可用右臂進行阻格
（圖 2-2-5）。

【技術要領】

　　注意手臂與敵人腿部接
觸的正確位置應該是其腳部

圖 2-2-4

踝關節位置，此處相對較為脆弱，而非小腿脛骨部位，否則得不償失。

圖 2-2-5

【技術應用 3】

(1) 實戰中，敵我雙方對峙（圖 2-2-6）。

(2) 敵人突然進身，以前手直拳或者刺拳襲擊我頭部，我可以迅速伸出右手迎推其拳面，並順勢抓握住其拳頭，以阻遏、化解其攻擊勢頭（圖 2-2-7、圖 2-2-8）。

圖 2-2-6

圖 2-2-7

圖 2-2-8

【技術要領】

手掌以觸及對方的拳面，就要迅速抓握住他的拳頭，彷彿抓握一枝棒球。抓握之手應在面前 10～15 公分處，方可起到緩衝敵人拳頭衝擊力量之效果。單手實施阻格動作的同時，頭部要有意識地向後閃躲。

【技術應用 4】

(1) 當敵人使用右手勾拳自下而上襲擊腹部時，我可以用左小臂猛然向下砸擊對方右小臂腕關節部位，以阻格其進攻（圖 2-2-9）。

(2) 當敵人使用左手勾拳自下而上襲擊腹部時，我同樣可以用右小臂猛然向下砸擊對方左小臂腕關節部位，作用是一樣的（圖 2-2-10）。

圖 2-2-9　　　　　　　　圖 2-2-10

【技術要領】

手臂下砸時，身體重心要配合下沉，以助發力。同時注意砸擊的部位要準確，一定要砸在其手腕處，而非肘窩處。

二、雙臂阻格

雙臂阻格即以雙臂一起針對敵人的攻擊肢體進行阻格，力度較為強大，但是靈活性差一些，一般用於阻格敵人較為粗笨的攻擊肢體。

【技術應用1】

(1) 當敵人揮舞短刀自上而下對我展開劈刺時，我迅速向上抬起雙臂，兩小臂交叉重疊形成「X」形狀，以尺骨為力點針對其攻擊手臂前段進行托架，予以阻格（圖2-2-11）。

圖2-2-11

(2) 格擋完成瞬間，右手可以迅速轉變手形，刁抓對方手腕向右側拉扯，破壞敵人進攻意圖的瞬間，可用左拳擊打敵人腰肋部（圖2-2-12）。

(3) 這種阻格方法也可以用來防禦敵人自下而上的攻擊動作，效果和作用也比較突出，比如防禦前踢腿（圖2-2-13）。

圖2-2-12

【技術要領】

具體實施時，如果是向上阻格托架，身體重心要略微向上提

圖2-2-13

起，後腳蹬地以幫助發力；如果向下攔截，身體重心則要
配合下沉。

【技術應用 2】

（1）實戰中，敵我雙方對峙，敵人提起左腿，準備以
弧線腿法發動攻擊（圖 2-2-14）。

（2）當對方旋起左腿橫掃我頭部時，我迅速抬起雙
臂，屈肘，以小臂為力點向外磕擋敵人左腿小腿位置，予
以阻格（圖 2-2-15）。

圖 2-2-14　　　　　　　　圖 2-2-15

【技術要領】

雙臂屈肘向外阻格的同時，雙腿一定要用力蹬地，雙
腳紮實站穩，因為弧線踢這種腿法的攻擊力度是非常巨大
的，硬碰硬的進行阻格，在動作上和心理上都要做好充分
的準備。

【技術應用 3】

（1）實戰中，敵人突然用雙手抓住我雙肩，並準備用

右腿膝蓋頂擊我胸腹部（圖 2-2-16）。

(2) 我迅速含胸收腹，同時撤步俯身，伸出雙臂，屈肘以小臂為力點向下阻擋對方的右大腿與膝蓋部位，從而阻止對手的進攻（圖 2-2-17）。

圖 2-2-16　　　　　　　圖 2-2-17

【技術要領】

雙臂進行阻格時，身體一定要向後撤步，俯身含胸，這點需特別注意，因為上頂膝的威力是非常巨大的，絕對不可小覷。

第三節 ▶ 偏 轉

偏轉與阻格看上去有點相似，都是用自己的肢體去接觸敵人的進攻肢體，來達到防禦目的。區別在於阻格是直接的抵抗，也就是我們常說的「硬碰硬」；而偏轉是由肢體的接觸來改變敵人攻擊武器的攻擊方向和運行路線，以期實現防禦目的。這是兩種技術的本質區別所在，大家要由不斷的實踐來仔細區分。

一、針對上肢攻擊的偏轉

【技術應用 1】

(1) 當敵人突然用右手直拳對我上盤發動攻擊時，我可以在向側面躲閃的同時，伸出左手，以掌心為力點自左向右或者自上而下拍擊對方右手臂腕關節外側，即可改變其攻擊路線，削弱其攻擊力度（圖 2-3-1）。

(2) 當敵人用左手直拳對我上盤發動攻擊時，我可以伸出右手，以掌心為力點自右向左或者自上而下拍擊對方左手臂腕關節外側（圖 2-3-2）。

圖 2-3-1　　　　　　　　圖 2-3-2

【技術應用】

注意一定要用掌心拍打對方手臂腕關節外側，也可以是小臂外側，拍擊動作要迅速、有力。

【技術應用 2】

(1) 實戰中，敵人手持短刀衝過來，揮舞手臂針對我胸部發動擺刺，我手無寸鐵，處於弱勢（圖 2-3-3）。

（2）在刀鋒將至的剎那間，我迅速伸出左臂向外撥開對方右臂，令其攻擊路線發生改變（圖 2-3-4）。

（3）旋即，我左腳向前上半步，將身體進一步靠近對方軀體，左手自其腋下插入到其右肩後側、屈肘上抬，右手順勢抓住左手腕部，以雙臂環控住對方右肩臂，施以降服（圖 2-3-5）。

圖 2-3-3

圖 2-3-4

【技術要領】

左臂撥動對方右臂的目的是為了改變其手臂的運動路線，要使用巧勁，而非蠻力，動作要流暢圓滑。

二、針對下肢攻擊的偏轉

【技術應用】

（1）雙方交手，敵人突然抬起左腳，準備出擊（圖 2-3-6）。

圖 2-3-5

(2) 當敵人左腳朝我頭部發動高踢時，我迅速向左轉動身體，左腳向後撤步，右臂屈肘，隨身體的轉動，以小臂尺骨為力點由右向左擺動、磕擊對方左腿腳踝部位，令其高踢腿的攻擊路線發生改變，以化解其攻勢（圖 2-3-7）。

圖 2-3-6

圖 2-3-7

【技術要領】

撤步轉身的躲避動作要靈活、順暢，右臂的磕抵動作要與身法、步法配合協調。

第四節 ▶ 抑 制

前面兩節介紹的阻格和偏轉技術都是指用自己的肢體去接觸敵人攻擊肢體的實施末端，即拳腳等部位；而這一節裡講的抑制，則是指在發覺敵人的進攻意圖的前提下，直接針對其攻擊武器的源頭進行防禦，在他的拳腳尚未發出的一剎那，將其攻擊意圖扼殺、抑制掉。

一、針對上肢攻擊的抑制

【技術應用】

(1) 雙方交手，對手突然揮舞左臂，以左手擺拳對我發動攻擊，我可以快速向前上步、貼近對方，同時抬起雙臂，以小臂及肘關節部位撲壓對方左大臂，從而達到抑制其攻擊之目的（圖 2-4-1）。

圖 2-4-1

(2) 旋即，可以雙手順勢攬抓住敵人上體，並向懷中用力拉扯，同時抬起左腿，屈膝以膝蓋向前上方衝頂其腹部，予以反擊（圖 2-4-2）。

【技術要領】

雙臂撲壓對方左臂時，注意掌握好著力點，左小臂抵頂對方左側肩頭及胸部位置，右小臂抵頂其左側大臂內側。只有力點掌握正確，才能收到預期效果。

圖 2-4-2

二、針對下肢攻擊的抑制

【技術應用1】

(1) 實戰中，敵人突然用雙手摟抱住我頸部，並抬起右膝，準備用膝蓋頂擊我面部或者胸腹部（圖 2-4-3）。

(2) 我迅速含胸收腹，同時伸出雙手向前猛推對手兩胯，阻止對手進攻的同時破壞其身體重心，從而達到抑制其進攻意圖之目的（圖 2-4-4）。

【技術要領】

敵人意欲用膝蓋展開攻擊，其打擊力度勢必非常巨大，如果直接用雙手阻格他的膝蓋，恐怕難以達到防禦的目的。直接阻截其腰髖、胯骨部位，可以有效地抑制其膝擊的發力根源。

圖 2-4-3　　　　　　　　圖 2-4-4

【技術應用2】

(1) 雙方交手時，敵人抬起右腳，準備以前踢腿襲擊我襠腹部（圖 2-4-5）。

(2) 在敵人右腿屈膝抬起的一剎那，我迅速向右轉動身體，並抬起左腳，用力向左側蹬截敵人右腿膝蓋部位，予以阻截，從而將其彈踢動作抑制掉，令其無法順利實施（圖 2-4-6）。

圖 2-4-5

圖 2-4-6

【技術要領】

轉身速度要快，起腿時機要掌握恰當，過早易被敵人發覺，過晚無法達到抑制目的。

第*3*章

・打擊技術

⭐ 實戰中徒手打擊敵人的關鍵是什麼？如何才能形成有效的打擊？答案就是，你在實施打擊時必須充分釋放你的力量。

　　假設你用拳頭去攻擊一個人，無論採用什麼方式，直拳抑或勾拳，如果你無法聚集足夠的力量、並且由正確的途徑和方式將其充分釋放出來，你的打擊就無法給敵人造成傷害，你的攻擊僅僅是在浪費時間。更糟糕的是，在你不斷的徒勞過程中，你很可能在攻擊的同時將自己的弱點暴露無遺，勢必會給敵人造成可乘之機，後果不堪設想。

　　因此，每次當你進行徒手攻擊時，都應該掌握正確的攻擊技巧，充分釋放你的能量，才能收到預期的效果，從而立於不敗之地。本章將針對格鬥常用的各種打擊技術進行詳細的介紹與分析，這些內容是一名優秀的格鬥者都必須牢牢掌握的技術。

第一節 ▶ 直 拳

　　直拳是實戰中使用最頻繁的拳法，是一種拳頭沿直線出擊、攻擊目標的擊打方法，主要用於攻擊對手頭部、胸部或肋部。其特點是動作簡單、直接迅速、出擊突然、運用廣泛，並且易於發揮身體的力量，在實戰中，無論是進攻、防禦，還是快速反擊，它都是一種具有巨大威力與高度實用價值的拳法。

直拳可以分為前手直拳和後手直拳兩類。前手與後手是相對於格鬥站姿而言的，以左前式站姿應敵時，左拳在前即為前手拳，右拳在後即謂之後手拳，右前式反之。

一、前手直拳

　　前手直拳最明顯的特點就是簡捷、直接，動作路線短，容易接觸目標，它充分運用「兩點間直線最短」這一原理去突然打擊對手，突發性極強，對手極難防範。由於前手直拳通常是用位於前面的手臂快速打出，出拳時身體轉動的角度很小，留給對手做出響應的時間極短，往往對方還沒來得及反應就已經被拳頭打得鼻口躥血。

　　前手直拳不僅是最快的打擊方法，同時還是打擊最準確的拳法，由於它是在近距離內迅速向前直擊的，所以命中率極高，準確而有效。

　　前手直拳在出拳時由於充分利用了進身轉腰動作所產生的身體前衝的慣性，以及後腿的蹬踏動作所產生的反作用力，其產生的打擊力度十分驚人，破壞力極強。但由於動作幅度相對於後手拳法要小許多，所以較為節省體力，並且不會使身體失去平衡。

　　前手直拳在實戰中進可攻、退可守，充分體現了突發短促、靈活多變的特性，常用來突襲、迎擊或回擊，是以重拳擊倒對手的開路先鋒，是完成關鍵動作的嚮導，是爭取勝利的基本動作，是控制戰局、攻守兼宜的殺傷性基本戰術武器。

　　有經驗的格鬥者，在技術發揮好的時候，常用準確、不斷的連續前手直拳來擾亂對手，使其暴露更多的空隙，

可以充分掌握進攻主動權，削減對手的鬥志，以便為自己的進攻創造條件。在實施防守或者體力下降時，連續的前手直拳又可以起到干擾對手的進攻、破壞對手的平衡、混亂對手的視線和調整戰術的作用。

前手直拳動作雖然簡單，但實用價值顯而易見，所以無論基礎如何，都必須刻苦練習和正確掌握這一基本攻擊技術，以便為學習其他拳法技術奠定堅實的基礎。

【技術應用】

(1) 實戰中，敵我雙方對峙，彼此伺機而動（圖 3-1-1）。

(2) 趁敵不備，我率先發動攻擊，右腳突然蹬地使身體衝向對手，同時左腳前滑步，身體前移，使動作提升速度，左臂突然向前伸出，使拳頭擊向對手的頭部面頰或者下頷部位。在擊打的最後一瞬間，要加強腰部扭轉的力量。拳頭接觸對手頭部時，前臂內旋，使拳心向下，腕關節突然緊張用力，力達拳面與拳峰部位，同時配合呼氣助力。在左手進行擊打時，右手應放置在下頷或面部的右側，做好防守的準備（圖 3-1-2）。

圖 3-1-1

圖 3-1-2

（3）前手直拳也可以在防守時運用，當敵人率先上步掄動右手勾拳或者擺拳針對我頭部發動襲擊時，我迅速向後躲閃避讓（圖3-1-3）。

（4）旋即，趁對手拳鋒在面前掠過、右肋側露出空檔之際，迅速以前手直擊拳襲擊對手右肋部。出拳時，隨著手臂的突然前伸，膝關節彎曲，身體重心前移，上體前傾。如果對手與我的交手當距離較長需要移步時，在出拳和上體前傾的同時，前腳急速向前伸踏，使身體重心移到前腳上，增加向前的衝力，加大出拳的速度和力量。在擊中目標的一剎那握緊拳頭，腕關節緊張用力，避免力量鬆懈分散，力達拳面與拳峰部位，同時配合呼氣助力。

在前手進行擊打時，後手應自然擺動，做好頭部的防護（圖3-1-4）。

圖 3-1-3

圖 3-1-4

【技術要領】

當身體重心移到前腿，左拳接觸目標的瞬間，左腳跟要外轉，左腿應立即制止身體進一步前移，避免身體過分前傾。以前腳掌為支點，可以保證最遠擊打距離，這樣一旦擊空，仍然能保持身體平衡。當前手直拳的擊打動作結

束時，必須要保持身體重心的穩定。在發拳擊打時，右腳蹬地並稍前提至平衡所必須的距離，前腳掌著地。這樣，無論是在擊打時，還是在擊打後，都可使身體重心保持穩定。擊打之後，用左腳牢固地支撐，同時要很快放鬆出拳的手臂和整個肩關節的肌肉，並利用左腿下屈，來消除前衝慣性，控制住身體的平衡。

實戰中，要根據打擊目標的位置的高低不同，適當調整雙腿彎曲的程度，但無論高低，都要注意保持自身重心的平穩，這也是制勝的關鍵所在。

二、後手直拳

後手直拳屬中、遠距離拳法，與前手直拳動作要領基本相同，只是拳頭距離目標稍遠一些。在出拳時，由於上體與腰部的轉動幅度大，拳的運動路線較長，出擊力量更大，加上身體重心的移動與身體大肌肉群的伸縮，因此其力量更猛，威脅性也更強，被稱之為重拳，對於體態較弱小的對手來說，防禦起來比較困難。但因為發拳距離目標較遠，所以動作的難度與技術要求更高，同時隱蔽性也相對要差、易露空、易被對方發覺，尤其是在一擊未中時，由於用力過猛，動作幅度大而容易導致身體重心不穩、失去平衡，而陷入被動局面。

後手直拳在實戰中使用的機會較少，運用時也是非常謹慎的，只有在與其他技術進行良好的配合，在有充分把握的前提下擊出，才可以充分發揮出其應有的巨大殺傷威力。一般都是將後手直拳作為前手拳法的後續擊打動作，不會輕易出擊後手直拳，往往是先用前手拳法分散對手的

注意力，令其暴露空檔，或者在撕開了對手的嚴密防線、創造了良好的進攻時機時，再迅速果斷地以嫻熟的後手直拳予以重擊，常常可以打對手一個措手不及，甚至瞬間擊倒敵人，達到「一拳定乾坤」的效果。

【技術應用】

(1) 防禦反擊時運用後手直拳化解危機也是非常有效的。比如當對手用右直拳攻擊我時，我可以先用前手進行推擋，首先化解其攻勢（圖 3-1-5）。

(2) 旋即，我左手用力向下按壓敵人右臂，右腳猛然蹬地，身體迅速向左擰轉，同時右臂隨轉體前伸，右肩前送，肘關節抬起，前臂內旋，右拳直擊對手頭部面門，力達拳峰（圖 3-1-6）。

圖 3-1-5

【技術要領】

出拳發力的瞬間要擰腰、轉胯、送肩，做到拳動、肘隨、肩催。出拳前，握拳要鬆，肩部與臂部要自然放鬆。出拳後，後腳用力蹬地，借用腳掌向後方蹬地所產生的反作用力，腰部與上體要

圖 3-1-6

71

快速有力地向右前方擰轉，藉以增加出拳的速度和力量。

左拳的拳峰、前臂、肘關節與肩部要形成一條直線並處於一個水平面上，使力量順達。在拳運行到位的一瞬間，腕關節要突然緊張，拳頭攥緊，釋放爆發力。要知道拳頭只是全身打擊力量的一個傳導工具，只靠手臂力量其作用和打擊力是極為有限的，而必須將全身的整體打擊勁力協調地集中到拳頭上，才能充分發揮威力。同時注意腰部的轉動還要自然、快捷，不可僵硬與遲滯，也不能幅度過大，否則適得其反。出拳時，手臂切忌晃動或者有其他多餘的動作，要注意隱蔽意圖，出其不意。很多沒有經驗的人在出拳之前，都會很自然地將手臂向身後引出，而且後引的幅度還會很大，這是得不償失的多餘之舉。

第二節 ▶ 勾 拳

勾拳在擊打時，肘關節彎屈約成 90 度角，屈臂出擊，其形狀酷似彎鉤，故而得名。在格鬥過程中，當敵人對我實施近身糾纏時，我們往往可以使用連續快速的勾拳猛擊對方下頜、軟肋、心窩等致命要害處，從而達到快速擺脫困境的目的。

按拳頭運動的路線，勾拳可以分為平勾拳與上勾拳兩種類型。在水平方向上掄動手臂打出的勾拳謂之「平勾拳」，拳頭自下而上打出的勾拳稱之為「上勾拳」。

一、平勾拳

實戰中，平勾拳能從敵人視野之外突入，具有相當的

隱蔽性和殺傷力，在技術發揮正常的情況下，其打擊威力不亞於直拳，但是其存在著攻擊速度較慢的缺點。由於平勾拳是從側面擊打對手身體，而出拳者的身體卻是做相反方向的移動，因而具有較大的迷惑性，可以起到分散敵人注意力的作用。

在實戰中，如能恰當地運用平勾拳，可給對手造成較大的威脅，在回擊或迎擊的時候，常常一記重拳擊中要害後，便可輕鬆取得勝利。然而，用平勾拳擊打時，由於身體動作與手臂的擺動幅度較大，也容易被對手發覺，如果時機掌握不好，出拳時不易隱蔽，也不易擊中目標。特別在擊空的情況下，往往會導致身體重心失衡，暴露出自己被擊打的要害部位。同時，平勾拳是技術性較強的動作，如果不能正確地掌握出拳的要領，不僅難以擊中對方，而且會大量消耗體力、過早出現疲勞。平勾拳在實際運用中，多在其他拳法和技法的引導下或者在對手處於疲勞狀態、防衛能力明顯下降時出擊，才可以收到預期效果。

平勾拳是一種利用身體的側擺和轉動帶動肩、臂的擺動，以拳峰為力點，由側面沿弧形路線擊打而出的拳法。平勾拳出擊時，因身體的大肌肉群一起用力，運行路線比較長、幅度大、離心力大，因而可擊出較大的力量，具有很大的破壞力。

【技術應用1】

(1) 實戰中，對手率先用左拳發動襲擊，欲攻擊我上盤，我迅速後閃避讓拳峰（圖 3-2-1）。

(2) 旋即，用右手向外撥擋對方左臂，化解其攻勢，

圖 3-2-1

圖 3-2-2

同時右腳蹬地，藉助後腿彈性，促使腰髖猛然向右擰轉，帶動左臂出擊，以左拳向前沿弧線擺出，平勾對手頭部（圖 3-2-2）。

【技術應用2】

(1) 實戰中，對手突然上步進身，揮舞右拳襲擊我頭部，來勢兇猛（圖 3-2-3）。

圖 3-2-3

(2) 我迅速蹲身閃避，在對手右拳擊空的瞬間，我右腳蹬地將身體重心向左腿過渡，同時身體猛然右轉，帶動左拳在水平面上、沿弧線向前擺動出擊，以拳峰為力點勾擊對手右側肋部（圖 3-2-4）。

圖 3-2-4

【技術要領】

平勾拳擊出時，手臂的彎屈程度可以根據實戰具體情況調整，既可以使大臂和小臂彎曲成 90 度角，也可以將手臂伸展的角度大於 90 度。擊打時，腕關節不要僵直，否則容易造成腕關節與拇指關節損傷。擊中目標時不可僅用拳頭正面接觸，手腕一定要有內旋動作，這樣做不僅可以加大打擊力量，同時也可以起到自我保護的作用。

一般在擊打較高的部位，如頭部時，為了避免拇指關節被碰傷，應注意使拇指關節朝下，避免拇指關節接觸被擊部位。出拳時一定利用後腳突然蹬地、轉腰旋體發力，以提高出擊速度。如果只想用手臂掄擺，勢必造成明顯的向後拉臂和手臂向外擴展過大的毛病，形成出拳前有預令的錯誤動作，暴露攻擊意圖是格鬥大忌。同時注意切忌用力過大，轉體過度，防止擊打後失去身體平衡。身體的轉動要做到順暢聯貫、收發自如。

二、上勾拳

上勾拳常用來自下而上擊打敵人下頜、心窩、腹部、腰部以及襠部，尤其是在對付個子小但力量大的對手時，出拳短促、刁鑽，常常可以巧妙地繞過對方的防線擊中目標，防範與反擊的難度相當大，對手遭襲後猶如一把彎刀勾入體內，可導致其當場喪失戰鬥力，被認為是一種非常凶險的拳法，在近距離格鬥中，具有極大的殺傷力。

由於上勾拳出手剎那沉身動勢較大，因此必須恰當掌握出手機會，最好的時機是，對手上體前傾或者因疲勞而反應減慢時。在其他情況下，使用勾拳是比較危險的。

長距離的勾拳比較利於動作的發揮，但空位較大，且容易落空，近距離的勾拳角度狹小，勁力難以完全釋放，因此必須經過相當程度的磨鍊，才可以運用自如。

　　實戰中，當對手兩手處於高舉防護頭部的姿勢時，或當對手擊打頭部而落空時，可發上勾拳擊打其上體、胃、腹或肋部。當對手上體前傾處於俯身低姿勢時，則可發上勾拳擊打其頭部。

　　在實戰中可以用任何一隻手發上勾拳攻擊對手的頭部或上體，也可以結合防守使用勾拳來進攻對手。在貼身內圍戰中，若合理配合其他組合拳實施連擊，對付大個敵人或善於貼身攻擊的對手，更可收到顯著的攻擊效果。

　　一定要記住，當對手處於直立姿勢時，決不能用上勾拳開始進攻，因為這種拳太短，會遭致對手用直拳來迎擊。只有當對手身體前傾時才能在進攻中使用上勾拳，或在用連擊拳進攻對手時配合使用上勾拳。

　　上勾拳是一種先抑後揚，利用身體重心突然向上提升的衝勁，揮舞手臂，以拳峰為力點，沿弧形路線擊自下而上挑打而出的拳法。

　　上勾拳上衝威力強勁，發力迅速急促，運動路線短，是近距離正面進攻拳法。

【技術應用】

　　(1)實戰中，對手率先上步，用右手直拳襲擊我頭部，來勢兇猛（圖3-2-5）。

圖 3-2-5

(2) 我迅速閃身，以左臂向外格擋對方右臂，以化解其攻勢；旋即，右腳蹬地，推動身體向前移動，同時身體左轉，帶動右拳自下而上勾擊對手下頜（圖 3-2-6）。

　(3) 時機恰當時，我可以迅速以右手上勾拳襲擊對手腹部（圖 3-2-7）。

　(4) 時機恰當時，我可以迅速以右手上勾拳襲擊對手側肋部位（圖 3-2-8）。

圖 3-2-6

圖 3-2-7

圖 3-2-8

【技術要領】

　要充分貼近對方，準確、及時的出拳。由於後手勾拳屬於近距離的重擊拳法，因此它對距離的有效把握要求相當高，因為合適而有效的距離將直接決定著你的拳頭能否準確的擊中目標，並將你的全部力量釋放出來。

　所以，你必須儘量縮短與對手的距離，才能有機會將上勾拳的打擊威力充分顯現出來，這就要求我們著重加強移動出擊的訓練。同時，在快速向前逼近敵人的過程中，

還會產生足夠的衝擊慣性，以擾亂對手身體的平衡，從而更大限度的強化後手勾拳的打擊威力。

第三節 ▶ 捶 擊

捶擊是一種弧線進攻拳法，主要是揮動手臂以拳輪為力點打擊目標，類似掄動鐵錘，故而得名。在西洋拳擊比賽中，這樣的捶擊動作被稱之為「軸擊」，屬於犯規，但是在SAS格鬥教程中卻被視為科學合理的攻擊技法，而且還是主要的攻擊武器。

捶擊因手臂掄動的慣性所致，打擊力量比較大，速度快，突發性也最大。雖然不像直拳那樣具有致命的攻擊威力，但它的突發性及敏捷性則是其他拳法所無法比擬的。只要能擊中目標，就足可以讓對方瞬間癱倒。

在實戰應用中，捶擊根據拳頭運動的起止方向和路線的不同，可以劃分為正向捶擊、側向捶擊、下方捶擊、後方捶擊這樣幾類。

一、正向捶擊

正向捶擊就是掄動拳頭，以拳輪為力點向正前方或者前下方擊打目標的方法。

正向捶擊的發力特點，是依靠身體瞬間的抖動來釋放爆發力的，因此從理論上講其打擊力度會相對弱一些。但是它擁有極強的突發性特點，更易於迅速反應、快速出擊，神出鬼沒，往往令對手防不勝防。

實戰中，向前捶擊主要用於快速攻擊敵人的頭部，可

以先發制人，也可以用於防守反擊。由於打擊動作簡捷、快速、乾脆，從而一定程度上加大了對方防禦上的難度。在與腳下靈活多變的步法配合下實施，效果更佳。

【技術應用】

(1) 實戰中，敵我雙方對峙。敵人突然前衝，我率先發動攻擊，右腳突然蹬地使身體衝向對手，左腳順勢向前滑動，身體前移，左手突然向前伸出，推擋對方的上體，以達到阻止對手靠近的目的。同時右臂屈肘向頭部右上方抬起，蓄勢待發（圖 3-3-1）。

(2) 旋即，我身體左轉，左手順勢捯抓住對手的胸襟，同時揮舞右臂，以右拳拳輪為力點向前連續捶擊敵人面門（圖 3-3-2）。

圖 3-3-1

圖 3-3-2

【技術要領】

實戰中，要配合前移的步法去果斷攻擊，因為向前捶擊要想發揮出打擊效果，必須貼近敵人實施，否則就算是擊中目標也是輕描淡寫，沒有足夠的破壞力。

出擊時距離感是極為重要的，上步近身儘量靠近對

方，縮短彼此間距離，以便充分發揮威力。快速而及時的向前方移步的動作，除了可以創造最佳的攻擊距離之外，還可以由此產生極強的衝擊慣性，從而使我方的擊打動作更快以及更具殺傷威力。

二、下方捶擊

下方捶擊與正向捶擊在技術特點上大同小異，除了攻擊方向、角度的差異外，下方捶擊的拳頭運行路程要比正向捶擊大一些，因此其打擊力度也相應地得到了提高，威力也更加巨大，破壞性也更加明顯。

【技術應用】

(1) 實戰中，向下方的捶擊用來對付抱腿摔最為行之有效。當敵人突然俯身、降低身體重心，朝我下盤撲過來時，我立即伸出左手推按對方的頭部，令其與自己保持一定距離，破壞其抱腿意圖（圖 3-3-3）。

(2) 繼而，我身體猛然左轉，左手順勢捋抓住對手的頭髮，同時揮舞右臂，以右拳拳輪為力點向前下方連續猛捶敵人頭部，可令其徹底崩潰（圖 3-3-4）。

圖 3-3-3

圖 3-3-4

【技術要領】

下方的捶擊與正向的捶擊在技術要領方面基本一致，要注意的是，實戰中，要根據打擊目標位置的高低不同，適當調整雙腿彎曲的程度，但無論高低，都要注意保持自身重心的平穩。下肢無論是處於靜止，還是移動狀態下，都要保持膝關節適當彎曲，以切實保障身體重心的平穩。同時在擊中目標時，也可以對因打擊而產生的巨大反作用力進行適當的緩衝。

三、側向捶擊

側向捶擊與正向和下方捶擊的區別在於，拳頭運動方向的不同。正向前與向後捶擊是在垂直面上展開的自上而下的打擊動作，而側向捶擊則是在水平面上實施的自內向外的打擊動作。

側向捶擊的出擊速度不是最快的，但卻是一種可以充分運用手臂抽擊和手腕抖動發力的打擊方法。由於是自內向外的側向擺動打擊，手臂突然繃直，所以其打擊過程中可以施加更大的慣力。另外，由於是以小臂為軸擺動完成動作，所以其靈活性和自由度更大一些。

【技術應用】

(1) 實戰中，當敵人出現在我身體左側，並伸出右手抓扯我左肩頭時，我迅即向右轉動身體，左臂屈肘內旋，左拳順勢向右擺動（圖 3-3-5）。

(2) 旋即，身體猝然向左轉動，帶動左臂以肘關節為軸，向左側方向水平掄出，以左拳拳輪捶擊對手面頰，連

圖 3-3-5 　　　　　　　　　圖 3-3-6

續的捶擊可迫使對方放鬆對我的拉扯（圖 3-3-6）。

【技術要領】

出拳時，上體微微左轉，目的是配合發力，發力瞬間整個身體突然抖動，以加強爆發力。在拳頭擊中目標之前，肩部與臂部要自然放鬆，切勿過於僵硬、呆滯。

拳頭在接觸到目標前要保持放鬆狀態，只有在接觸目標前的一剎那間才握緊拳頭而將勁力突然釋放，這樣會令對手防不勝防。如果你已提前收緊肌肉的話，則勢必會影響到速度與「爆發力」的最佳發揮。

四、後方捶擊

後方捶擊的動作方法、要點與側向捶擊大致相同。側向捶擊打擊的目標一般是位於身體側面的敵人，而後方捶擊則是用於攻擊身後的敵人，大多要配合腳步回轉身軀進行擊打，動作幅度更大些。

相較於側向捶擊，後方捶擊出擊更加兇狠、準確，不易被對手察覺，往往可以令敵人措手不及。

（1）實戰中，當敵人由我背後跟蹤，突然伸出左手抓扯我後背，準備發動攻擊（圖3-3-7）。

（2）我迅即向右轉動身體，右腳順勢向右後方撤步，右臂屈肘內旋橫拳與胸前（圖3-3-8）。

（3）動作不停，身體繼續向右快速轉動，帶動右臂以肘關節為軸，

圖 3-3-7

向右後方向水平掄出，以右拳拳輪捶擊對手面頰，連續的捶擊可迫使對方放鬆對我的拉扯（圖3-3-9）。

圖 3-3-8   圖 3-3-9

【技術要領】

要充分利用身體轉動和手臂揮舞掄動的慣性進行擊打，轉身要突然，充分利用肘關節與腕關節的突然抖彈來釋放爆發力，力求乾淨、脆快的擊打。

實戰中，腳步要靈活，上下肢配合協調。要配合後移的步法去果斷攻擊，因為轉身捶擊要想發揮出打擊效果，

第
3
章

打擊技術

83

必須在正確掌握敵我距離的前提下實施，否則很難擊中目標。因此，它對距離的有效把握要求相當高，因為合適而有效的距離將直接決定著你的拳頭能否準確的擊中目標，並將你的全部力量釋放出來。

第四節 ▶ 掌指攻擊

　　利用掌指進行攻擊，在上肢武器中的使用頻率是僅次於拳頭攻擊的。事實上，在一些特定的情況下，掌指攻擊的優勢更高於使用拳頭進行的打擊，效果也更加顯著。幾乎手掌的所有部位都可以作為力點打擊敵人，掌心、掌刃、指尖都可以在不同距離下發揮其威力。

一、戳眼

　　用伸直的四指指尖針對敵人的眼睛進行攻擊，往往要比使用拳頭更加行之有效，以指尖為攻擊力點像長矛一樣刺出，大大減少了對手可阻擋的面積。手指攻擊出手犀利，入裡透內，銳不可擋，易於快速突然的攻擊。

　　尤其是針對眼睛的戳擊，絕對是兇狠殘忍的，因為對手多麼強壯、威猛，他都不可能把雙眼變得強壯，如果能夠準確有力地擊中他的雙眼，那後果是不言而喻的。

【技術應用】

　　敵人由正面逼近，與發動進攻的瞬間，我突然向前伸展手臂，手掌伸直，以指尖為力點予以迎擊，直戳敵人雙眼，可對其造成沉重傷害（圖 3-4-1）。

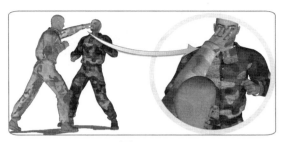

圖 3-4-1

【技術要領】

手掌出擊時，要與小臂保持在一條直線上，出擊若長矛刺出。實施動作時，可以配合腳步的移動，後腿蹬地，以增強力道。無論是進攻還是防守狀態下，都可以適時地使用手掌指尖去戳擊敵人的雙眼。

二、戳 頸

頸部是氣管與咽喉的所在地，在適當情況下用食指與中指予以戳擊，所造成的傷害是不言而喻的。這種攻擊方法在近距離格鬥中應用較多。

【技術應用】

與敵人近距離交手時，我可以趁其不備突然伸出左手攬住對方脖頸，用力將其拉近，同時抬起右臂，以右手是指與中指為力點猛戳敵人咽喉側面（圖3-4-2）。

圖 3-4-2

以兩個手指進行戳擊時，另一隻手一定要配合控制住對方的脖頸，點戳要有足夠的力道，力點準確。

三、推　喉

實戰中可以以虎口為力點向前推擊對手咽喉部位，尤其在近距離無法伸直手臂時，這種攻擊方法非常有效，甚至瞬間可以令對手窒息。

【技術應用】

與敵人正面衝突時，對方突然上步近身，並伸出雙臂，欲將我攔腰抱住。我迅速用左手向外撥擋對方右手，同時身體重心猛然前移，右腳隨勢向前邁步，右手張開虎口，順勢向前猛推敵人咽喉，瞬間的攻擊可令其猝然倒地（圖3-4-3）。

圖 3-4-3

【技術要領】

將手掌儘量伸展開來，要求大拇指儘量外展，使手掌形成一個「V」形。手在完成了推擊動作的一瞬間還可以迅速轉換成鎖掐動作，五指彎曲，用力扼緊對手的喉嚨。

四、掌刃砍擊

以手掌掌刃劈砍在實戰中適用範圍很廣，可以從多角度實施強力攻擊，似斧如刀，殺傷力非常強，往往可以瞬間導致對手昏迷、窒息，或者令其筋斷骨折、疼痛難忍，

從而削減其戰鬥力，收到以弱制強、以小勝大的出奇效果。

【技術應用】

（1）雙方交手，對手趁我不備，突然用左拳襲擊側肋部位，我迅速縮身，右臂彎屈下沉，以肘尖向下磕擋其小臂，化解攻勢（圖3-4-4）。

圖 3-4-4

（2）隨即，在對方左臂尚未撤回之際，我左手迅速抓住其腕部，並用力向左側拉扯、回帶，身體一併向左擰轉，右臂順勢左擺（圖3-4-5）。

圖 3-4-5

（3）緊接著，身體猛然右轉，右掌沿水平方向向右、向後揮舞，以掌刃為力點平砍對手咽喉部位，可當場將其擊倒在地（圖3-4-6）。

（4）用掌刃進行攻擊，可以由內向外揮舞手臂，也可以由外向內揮舞手臂（圖3-4-7）。

圖 3-4-6

圖 3-4-7

【技術要領】

攻擊時要求手掌和腕關節要平直，大拇指彎屈，其餘四指伸直併攏，用手掌外沿小指一側手腕突起部位擊打目標。要充分利用手臂掄動的慣性來輔助發力向外砍。

五、掌根推撐

掌根推撐的攻擊方法主要是在較近的距離內用手掌的掌根部位擊打對手的下頜。用掌根推撐，是一種非常經濟實用的攻擊技法。在擊中目標的一瞬間，只需要較小的骨骼運動，就可以形成你所需要的姿勢。原因在於，手掌和手臂下部的骨骼已經排列在一起，只有很小的彎曲和彈性，而手掌正好位於前臂骨的末端，這便可以將力量傳遞到打擊目標上。事實上，無論是在進攻還是防守時，正確地使用推撐技術，其發揮的威力絕不亞於拳擊。

【技術應用】

(1) 實戰中，對手突然前撲，伸出雙臂欲攔腰將我抱住（圖3-4-8）。

(2) 我右腳迅速向前上步，用一隻手向外撥擋、推開敵人一條手臂，同時藉助身體重心向前過渡的衝勁，另一條手臂猝然伸展，以掌根為力點，向前上方猛推敵人下頜部位。突然出擊可以迫使對手頭部猛然後仰，可以致使其頭部和頸椎

圖 3-4-8

遭受創傷，巨大
的衝擊力甚至能
夠導致其失去知
覺（圖 3-4-9）。

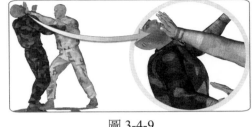

圖 3-4-9

(3) 進一步，
還可以手掌下
扣，用指尖摳抓對手的雙眼
（圖 3-4-10）。

【技術要領】

出掌推撐時，身體與腳
步一定要配合上肢動作向前
衝進，以提高攻擊力度。

圖 3-4-10

六、摑　掌

摑掌意思就是用張開的手掌打擊目標，俗稱打耳光
子。不論是從正面還是背後，使用張開的手掌以掌心為力
點擊打對手的面部器官，都可以對其造成不同程度的傷
害。以面部器官為攻擊目標的襲擊，可以造成耳膜破裂，
嚴重者甚至可以導致腦震盪。摑掌的主要優點就是攻擊範
圍大，根據實戰情形的不同，它既可以進行小範圍的擺
擊，也可以進行中等或者大範圍的抽打。

【技術應用】

(1) 當敵人揮舞左拳發動攻擊時，我可以果斷地用右
掌向右、向外劈砍、撥開對手左手小臂，以化解其攻勢

（圖 3-4-11）。

（2）旋即，身體猛然向左擰轉，右臂隨轉動自右下方向左上方揮擺，以掌心為力點摑擊對手左側耳輪（圖 3-4-12）。

【技術要領】

這種攻擊技法，打擊距離遠，可以連續出擊，也可以作為戰術動作，吸引對手的注意力，為其他攻擊動作創造條件。

圖 3-4-11

圖 3-4-12

第五節 ▶ 攻擊性肘擊

肘擊技術的優勢在於：

一是攻擊性強，肘尖堅硬銳利，作為肘部的支撐，且傳力部分的大臂粗壯有力，故肘法的攻擊力強大，打擊強度非常高，銳不可擋；

二是靈活多變，由於肘法的運用多是肩關節和肘關節協同作用的結果，所以肘的活動靈活自如，肘技巧妙多變，自上而下，自下而上，前後左右，無所不能；

三是打擊面廣，肘部攻擊敵人要害部位廣泛，遍及前胸、後背、兩肋、小腹、頭部、四肢，不受任何限制，由

於落點多，打擊面廣，且技法多變，故可以做到非此即彼，東方不亮西方亮；

四是預兆性小，肘法的運動路線比拳腳短，剎那間即可完成打擊動作，平穩迅疾，隱蔽陰險，損壞性大，預兆性小，常常令對手猝不及防。

實踐證明，以肘部進行攻擊，尤其是在近距離肉搏時更能體現出其巨大的實用性和威脅性，往往可以達到一肘定乾坤的效果，迅速結束戰鬥，快速撤離戰場，更符合「速戰速決」的基本原則。

一、直擊肘

直擊肘是一種以肘尖為力點進行直線攻擊的打擊方法，動作過程類似於直拳，只不過打擊力點不同而已，以簡捷、短促為主要特點。

直擊肘發力短促，肘走直線，節短勢險，在激烈的近身肉搏和纏鬥過程中，具有很強的實用性，殺傷力也非常強，對方略有不慎，即可造成重創。實戰中主要用於攻擊頭部、胸腹部、腋下和肋部。

【技術應用1】

(1) 實戰中，敵我雙方對峙，對手位於我右前方（圖3-5-1）。

(2) 對手掄動右手，準備用擺拳擊打我上盤，我迅速抬起右臂、屈肘，右手握拳橫置於胸前，隨即，左腳蹬地，右腳順勢向右側快速逼近半步，同時右臂迅速夾緊肘部，以肘尖為力點，隨上步進身猛頂對手頭頸或者下頜

部，令其因嚴重損傷而落敗（圖 3-5-2）。

【技術要領】

出肘時肘尖一定要沿直線攻擊目標，擰腰展胸，開肩發力，同時配合呼氣。

圖 3-5-1

圖 3-5-2

【技術應用 2】

(1) 雙方交手，彼此蓄勢待發（圖 3-5-3）。

(2) 對方率先發動攻擊，揮舞右手擺拳展開進攻，我迅速用右手向下劈砍其右小臂，化解其攻勢（圖 3-5-4）。

(3) 旋即，身體重心向右前方移動，右臂屈肘，以肘尖為力點沿直線衝頂敵人胸口心臟部位（圖 3-5-5）。

圖 3-5-3

圖 3-5-4

圖 3-5-5

【技術要領】

　　肘法打擊技術的訣竅在於，屈肘時不要夾得太緊。肘部擊出時，注意手與肩要放鬆，否則會導致肌肉僵硬，影響肘法的靈活性。

二、橫擊肘

　　橫擊肘是實戰中近距離攻擊最為常用的手段，也是一種極具破壞力的強悍武器，係從側面弧線擺擊目標的肘法，主要用於攻擊人體最為脆弱的太陽穴、面頰、後腦或頸部等致命要害部位。橫擊肘近距離格鬥中，防範起來比較困難，具有較強的殺傷力和突發性，如在實戰中與其他手法合理結合運用，可發揮更大的技戰術優勢。

　　由於這種肘法主要是貫穿來自於轉腰、合胯的強勁打擊力去重創對手，因此，只要是能命中目標就必會產生決定性的打擊效果，瞬間可致對手喪失戰鬥力。實戰中多配合其他中、近距離技術實施，或者在用一手襲擾敵人創造出最佳攻擊時機之後運用，因此它所能給對方造成的實際威脅也是極大的，在內圍打鬥中運用機會較多，殺傷力突出。

【技術應用 1】

(1) 實戰中，敵我雙方對峙，伺機而動（圖 3-5-6）。

(2) 出肘時，右腳用力蹬地，將身體重心向前過渡，上體略左轉、擰髖，右臂隨之屈肘、夾緊，內旋端平，向上抬起，高於胸齊，右手由放鬆狀態變成半握拳狀態，隨著手臂的彎曲內旋至手心向下；旋即，左腳在右腳的推動下迅速順勢向前滑進一小步，身體重心隨之向左前方移動，上體猛然向左擰轉，同時在身體向左擰轉的瞬間，右肘以肘尖為力點，藉助肩、腰回轉合力自右向前、向左沿弧形路線橫掃對手左側太陽穴或者下頜部位，令其頭部遭受重創（圖 3-5-7）。

圖 3-5-6　　　　　　　　　圖 3-5-7

【技術要領】

要充分利用身體的轉動，以腰髖的擰轉之力帶動手臂橫掃而出。肘擊的力量來源於蹬腿、擰腰、擺肩，發力不正確會嚴重影響肘擊效果。

【技術應用 2】

(1) 敵我雙方對峙（圖 3-5-8）。

(2) 敵人率先揮舞左手擺拳發動攻擊，我迅速用右手向外格擋，化解其攻勢（圖 3-5-9）。

圖 3-5-8

圖 3-5-9

(3) 旋即，左腳上步，身體猛然向右擰轉，左臂隨之屈肘、夾緊，內旋端平，在身體向右擰轉的瞬間，左肘以肘尖為力點，藉助肩、腰回轉合力自左向前、向右沿弧形路線橫掃對手頭部右側，可當即將其擊倒在地，甚至令其瞬間昏厥（圖 3-5-10）。

圖 3-5-10

【技術要領】

要想充分釋放出肘擊技術的殺傷力，就必須要有靈活多變的步法配合，以達到主動調整和掌握最佳攻擊距離的目的。上步速度要快，上步、轉身與出肘動作要配合協調，發力順暢。因為橫擊肘是只有在貼近對手才能奏效的技術，所以在格鬥時，如何控制交手距離，占據有效打擊

位置，就顯得至關重要。出肘時距離感要強，太遠打不到，太近難以發揮應有的威力，要使爆發力正好於肘尖釋放出來，必須掌握恰當的距離。

三、上挑肘

上挑肘是一種側身正面切入、自下而上沿弧形路線短促出擊的凌厲肘法，特點是動作簡單、直接、迅猛，技術特點類似於上勾拳，但其殺傷力卻遠遠大於勾拳。上挑肘在實戰中運用比較廣泛，通常在近、中距離使用較多。

可以直接用於主動攻擊，特別是對付突然向前衝擊者，猝然抬臂挺肘迎擊，可以阻截其攻勢，破壞其身體平衡，擾亂對方陣腳，為其他攻擊策略的展開打開突破口。由於它的運動路線簡捷、出擊速度快、突發性強，所以要想有效的防範和躲避困難極大，如果敵人被擊中，往往可以當場令其仰面摔倒，甚至昏厥不醒，從此失去戰鬥力。

【技術應用】

(1) 實戰中，敵我雙方對峙，敵人躍躍欲試（圖 3-5-11）。

(2) 趁敵人不備，我右腳用力蹬地，將身體重心向前過渡，上體猛然向左擰轉，同時右臂屈肘、夾緊，利用足部蹬地、重心快速向前上方提升、身體向前的衝力以及挺身直腰之合力以肘尖為力點快速畫弧

圖 3-5-11

上揚，向前、向上突襲敵人下頜，力達肘尖，猝然間可令其仰面摔倒（圖 3-5-12、圖 3-5-13）。

圖 3-5-12

圖 3-5-13

【技術要領】

挑肘之關鍵在於身體的轉動，轉身動作要迅速靈活、穩健有力，動作聯貫、不僵不滯。轉動時以腰胯為軸，要求做到腰靈不僵，胯動不滯。以腰為軸帶動上肢，做到擰腰順肩，沉胯扣襠。出肘發力的正確順序是，足催胯，胯催腰，腰催肩，肩催肘。從腳跟起，有一個「轉」與「蹬」的力，傳送至腰有一個「催」和「轉」的力，達於手肘時有一個「送」的力。挑肘的攻擊時機應選在雙方貼身近戰，對手上盤前探，重心因用力過猛而前傾，下頜露出空檔時。出肘時要擰腰發力，重心上提，力達肘尖，勁道快爆，同時配合呼氣發聲，以聲助力。

出肘路線由下向上，弧線運行，要充分體現出「挑」的勢態。挑肘同時，左手應馬上收護於右胸前，以防自身上盤空虛，做到攻防結合。整個動作要快捷聯貫，發於一瞬，令對方防不勝防，上步近身要盡量靠近對方，縮短彼此間距離，以便充分發揮近身肘法的威力。

第六節 ▶ 防禦性肘擊

以肘部尖端最堅硬銳利的部位作為攻擊武器，相對於拳掌而言，其摧毀力和破壞性更為強大。

以肘打人，力大且兇猛，因動作路線短促，所以能夠快速而突然地發起進攻，令人防不勝防。同時，熟練地掌握各種肘法也是防守的有效手段，尤其是在近距離搏擊時更能體現出其巨大的實用性和威脅性。

一、後掃肘

後掃肘是一種具有高度破壞力的打擊手段，其運動路線與橫擊肘正好相反，屬於出其不意的肘擊奇招。因為它可以在被動狀態下，極其突然地利用轉身的掩護動作將對手一舉擊敗，突發性強，力道剛猛，往往可以出奇制勝。

【技術應用】

(1) 實戰中，敵人由我身後發動偷襲，突然伸出左手抓扯我右側肩頭（圖 3-6-1）。

(2) 我猛然向右後方轉動身體，同時屈肘抬起右臂，藉助腰髖轉動的力量揮動右肘，以肘尖後側為力點朝右後方橫掃，狠狠攻擊對方頭部，予以反擊（圖 3-6-2）。

圖 3-6-1

(3) 實戰中，掃肘也可以用來防範和反擊背後偷襲者（圖 3-6-3）。

(4) 如果對手由身後攔腰將我抱住，我可以迅速擺動身體、擰轉腰胯，帶動右臂屈肘向右後方掃擊對方頭部（圖 3-6-4）。

(5) 或者向相反方向轉動身體，以左肘向左後方掃擊對方頭部；也可以快速連續出擊，效果更好（圖 3-6-5）。

圖 3-6-2

圖 3-6-3

圖 3-6-4

圖 3-6-5

【技術要領】

後掃肘成功實施的關鍵在於能否在旋身發肘剎那間掌握精準的攻擊距離，準確擊中目標的同時，又要確保自身的重心平穩，因此，掃肘的動作要求較高，技術難度較大，所以在運用時，一定要提高動作的隱蔽性和突然性，把握好出肘的時機。

99

二、後擊肘

後擊肘是一種以肘尖為力點向身體後方短促出擊的擊打技術，動作突然，擊打有力，在被動反擊時運用，效果非常明顯。

【技術應用】

(1) 敵人由我身後用雙手抓住我雙肩，欲將我拉扯摔倒（圖 3-6-6）。

(2) 我身體猛然向右側擰轉，右臂屈肘、夾緊，隨身體的轉動，以肘尖為力點，猝然向身後擊出，直搗敵人腹部（圖 3-6-7）。

圖 3-6-6　　　　　　　圖 3-6-7

【技術要領】

動作要求迅猛有力，擊出時以腰胯帶動肢體運動，借身體擰轉時的慣性發力，腰實胯沉，胯合膝穩，擰腰順胯，做到動作穩重，發力順暢。

三、後挑肘

後挑肘與上挑肘在技術特點上有類似之處，區別僅在於攻擊方向的不同，這種肘法在近身纏鬥過程中應付被動局面特別有效。

【技術應用】

(1) 敵人由我身後用單手抓住我右側肩頭，並揮舞右拳準備展開襲擊（圖 3-6-8）。

(2) 我可以雙腿先屈膝下蹲，降低身體重心，旋即再猛然雙腿挺膝將重心提起，同時上體向右擰轉，右臂屈肘，隨勢向右後上方擺動，以肘尖為力點挑擊敵人下頜（圖 3-6-9）。

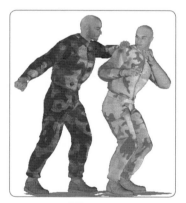 

圖 3-6-8　　　　　　　圖 3-6-9

【技術要領】

注意身體重心的轉換要靈活順暢，先抑後揚，藉助身體重心向上提起的衝力出肘。

四、下砸肘

下砸肘是以肘尖為力點自上而下沿直線剁砸對手軀體的一種貼身重創肘法，動勢凌厲，兇悍沉雄，攻擊威力極強，往往可以一招制敵。

下砸肘的攻擊範圍較廣，包括後頸部、後腦、肩胛骨、後心等部位。尤其是在當對手欲俯身進行抱摔時，以砸肘猛擊對手後頸或者後心，有特殊之功效。

【技術應用 1】

(1) 實戰中，敵我雙方對峙，對手突然俯身向前，並伸出雙臂欲撲抱我雙腿，實施抱腿摔（圖 3-6-10）。

(2) 我迅疾伸出左手抓住對手右肩胛或推按其頭部，令其無法

圖 3-6-10

抬頭，同時右臂快速抬起，於身前突然屈肘向下釘砸對手後頸部，力達肘尖，制敵於瞬間（圖 3-6-11、圖 3-6-12）。

圖 3-6-11

圖 3-6-12

【技術要領】

用左手推按其敵人頭部的目的，是令其拉開與自己的距離，破壞其抱腿的意圖。隨後下砸肘可以連續擊打，直至將其擊倒在地。

【技術應用 2】

(1) 雙方在街頭展開打鬥，對方趁我不備，突然俯身向前，用雙手摟抱住我右腿，用力拉扯，意欲將我摔倒（圖 3-6-13）。

(2) 我迅速抬起右臂，然後突然屈肘，以肘尖為力點向下砸擊對方後背（圖 3-6-14）。

圖 3-6-13

圖 3-6-14

【技術要領】

下砸肘的發力特點，主要依賴於身體重心上提之後的突然下壓沉降，但由於出肘前需先提肘過肩，其動作幅度較大，容易暴露空檔，給對手創造可乘之機，因此要求出擊慎重。

第七節 ▶ 腿 擊

腿法攻擊技術歷來都是被各種格鬥體系強調的重中之重，其在實戰中所占據的優勢，也是顯而易見的。

首先，使用腿法打擊技術可以放長擊遠。因為從人體生理客觀條件上來比較，雙腿較雙臂長，所以腿腳比拳掌更能有效打擊較遠距離的目標。打擊的範圍也更加廣泛，其攻擊路線更是全方位的，上可踢踹頭部，下可掃踩腿腳，多方位進攻的同時還能用來遏制對手的進攻，控制彼此的交手距離。

其次，腿法的打擊力量巨大。由於雙腿作為身體重心的載體，負擔著整個上身、軀幹，並承擔運動與跳躍等功能，其大腿的骨骼和肌肉都相對於其他肢體要粗壯結實許多，因而發出的力量也相對巨大，攻擊力自然強大。通常認為腿擊的力量要比拳擊的力量大三至五倍。一次準確有效的踢擊，其絕對打擊力量遠遠超過拳掌之功，可在踢擊範圍內給予對手重創，削弱敵人的攻勢或者瞬間將其擊倒在地，絕對具有一錘定音、決定勝負的效果，殺傷力不可小覷。

另外，腿擊技術還有一個不可忽視的特點，就是隱蔽性好。因為腿腳的位置位於身體的下方，相對離對手的眼睛距離較遠，往往超出對手視線之外，用腿腳進行攻擊不易被對手察覺，尤其是手腳配合攻擊、指上打下，巧妙地運用，更易奏效，故常可出奇制勝，奏出奇效。

正因為腿擊技術有如此之多的優勢，所以也被視為

SAS 格鬥體系中最重要的組成部分，在日常學習和訓練時也格外強調和重視。

一、前踢腿

前踢腿是以腳尖和腳背為力點，針對對手要害進行屈伸性前踢的一種殺傷力很強的腿法，特點是攻擊角度狹小、隱蔽、簡單、實用，聯貫性強，收發自如。

在中短距離交手時使用，出擊速度迅猛、突然，往往令對手措手不及。

【技術應用 1】

(1) 實戰中，雙方對峙，伺機而動（圖 3-7-1）。

(2) 趁其不備，我左腳腳尖略微外展，身體微微左轉，身體重心隨之向前移動，右腿旋即向前挺膝彈踢而出，以腳尖或者腳背為力點，攻擊敵人腹股溝、襠部要害處（圖 3-7-2）。

圖 3-7-1

圖 3-7-2

【技術要領】

前踢腿正面提膝，直接由下而上踢出。提膝時，兩大

腿內側之間的距離應儘量近些，膝蓋和腳尖應正對攻擊目標。出腳腿要以膝關節為軸，利用膝關節的彈力帶動小腿向前踢出，要有爆發力，小腿儘量直線出擊，腳面一定要繃直。 為保持身體重心平衡，軀幹在彈踢瞬間可以稍向後傾斜，儘量將髖部向前送出。如果彈踢的高度較大時，髖關節則要儘量向上、向前送，使膝關節前頂並充分展膝向前彈出，以增加擊打力量和延長打擊距離。

【技術應用 2】

(1) 實戰中，雙方對峙，彼此距離較遠（圖 3-7-3）。

(2) 我率先發動攻擊，身體重心突然向前過渡，左腳用力蹬地，右腿在身體重心前移的瞬間，猛然向前上方踢出，以腳尖為力點自下而上踢擊敵人下頜部位（圖 3-7-4）。

圖 3-7-3

圖 3-7-4

【技術要領】

彈踢腿從動作特點上來講，尤其是以動作距離較長的後腳彈踢攻擊時，正面直接的由下而上的踢法極易被對手察覺，對手只需向前提膝或者用臂肘下撥即可輕易防範破解，而我方腳背和腳趾一旦撞擊在對手肘尖、膝蓋等這些

堅硬部位，很容易導致自我的挫傷。所以在實際應用時一定要恰當掌握好出擊時機，要求格鬥者必須具備良好的判斷力和反應力，及時準確地發動凌厲的彈踢，才能收到意想不到的效果。實戰時強調，要在上體保持平衡的情況下起腿，這樣的腿法打擊的隱蔽性強；如果上體先晃動後再起腳，容易被對手察覺，這樣腿法打擊的效果較差。

二、脛骨踢

脛骨踢的動作方式與技術特點同前踢腿基本相似，只是攻擊力點有所不同，強調以小腿的脛骨部位攻擊敵人的要害，主要攻擊目標就是腹股溝處，這種腿法更適合於近身格鬥時使用。

【技術應用】

(1) 實戰中，雙方對峙，彼此距離較近（圖 3-7-5）。

(2) 趁敵不備，我突然抬起右腿，以小腿脛骨部位為力點，由對方兩腿間向前上方彈踢，襲擊敵人襠部要害（圖 3-7-6）。

圖 3-7-5

圖 3-7-6

【技術要領】

起腿時，支撐腿要配合出擊腿而積極用力，支撐腳以整個腳掌著地，膝關節略微彎屈，小腿稍作前傾，膝蓋向下的垂直線一般落在前腳掌處，切勿過於僵直，以保持身體重心平穩。彈踢瞬間要積極配合髖部的轉動，但腳跟切勿抬起，杜絕左右晃動，動作過程中，重心要全部集中於支撐腿。小腿彈出後，在彈直的一剎那要有一個制動的過程，從而產生最佳打擊效果，同時要快打快收，擊出後迅速收腿撤步，與敵人拉開距離。

三、刺　踢

刺踢腿是一種相對前踢腿而言，動作比較複雜的腿法，它的運動路線不是單一的直線或者弧線，而是由兩個步驟完成的，先將一條腿向上提起，然後再沿直線向前攻出。這種腿法掌握起來有一定難度，實戰中運用的機率並不多，一般是在阻遏敵人進攻時使用。

【技術應用】

(1) 雙方交手，敵人躍躍欲試（圖3-7-7）。

(2) 當敵人率先發動攻擊，突然準備前撲時，我立即右腿屈膝向上提起右腳，腳尖向上勾起，雙手護住上體，蓄勢待發（圖3-7-8）。

圖 3-7-7

(3) 旋即，左腳用力蹬地，上體略後仰，右腳伸展，以腳尖為力點沿直線向前快速踢出，如長槍直刺敵人胸腹部神經叢，可以有效阻遏對方的進攻（圖 3-7-9）。

圖 3-7-8

圖 3-7-9

【技術要領】

攻擊腿起腿動作要快，出擊有力，如長矛突刺，力道兇狠。支撐腿要站立穩固，腳踏實地，膝關節略微彎曲，保持整個身架的平衡與穩定。

四、側　踢

側踢腿也是一種極具破壞力的腿法，它的特點是以側身姿勢應敵，利用展髖、挺膝以及腰部的力量帶動發力，攻擊目標較為廣泛，高、中、低方位均可自由出腿。在攻擊對手上盤時，主要以頭頸部為攻擊目標；攻擊下盤時，主要用於從前、後、內側和外側各個方向打擊對手的膝關節與小腿部位；攻擊中盤時，主要以腰腹、肋部為目標。

側踢腿在具體實施時，可以配合步法發起猛烈攻勢，從任意位置、距離、角度出腿攻擊目標，在與其他攻防技術的配合上也很自然、高效，這種簡捷、直接、兇狠的腿法，在你死我活的肉搏中，往往令對手防不勝防，疲於應付。

【技術應用 1】

(1) 實戰中，敵人主動發動襲擊，突然上步以左手直拳擊打我頭部，我迅速閃身躲避，用左手撥擋來拳，化解其攻勢（圖 3-7-10）。

(2) 旋即，身體猛然左轉，身體重心移至左腿之上，左腳腳後跟內向內輾轉，上體向左側傾斜，右腿順勢屈膝提起，腳尖勾起裡扣；動作不停，右腿大腿催動小腿用力向右側展髖挺膝直線踹出，以腳底為力點攻擊敵人左側腰肋部，瞬間發力可將對手當即踹到在地（圖 3-7-11）。

圖 3-7-10

圖 3-7-11

【技術要領】

轉身速度要快，身體的轉動與右腿的提起動作要配合協調，流暢自然。出腿瞬間，支撐腿要用力蹬地，以助發力。

【技術應用 2】

(1) 實戰中，對手突然伸展雙臂前撲，來勢兇猛（圖3-7-12）。

圖 3-7-12

（2）我可以立即向右擰轉身體，將重心移至右腿之上，右腳腳後跟內向內輾轉，上體向右側傾斜，左腿順勢屈膝提起，腳尖勾起裡扣（圖 3-7-13）。

（3）旋即，在敵人逼近的一剎那，左腳猛然向左側側踹而出，大腿催動小腿用力，以腳底為力點攻擊敵人胸部，以達到阻遏其進攻勢頭之目的（圖 3-7-14）。

圖 3-7-13

圖 3-7-14

【技術要領】

側踹腿除了是一種有效的攻擊手段外，它還是極佳的防守性腿法，可以用來截擊對手的各種進攻，遏制其攻勢，主動掌控交手距離，從而摧毀對手主動攻擊的勇氣和士氣。在用於防守遏制敵人進攻時，要注意掌握好起腿的時機，過早提起腿來，容易被對方察覺你的意圖，過晚又起不到應有的效果，要恰到好處才行。

【技術應用 3】

（1）實戰中，敵我雙方對峙，敵人趁我不備率先發起攻擊，突然用左側擺拳襲擊我頭部，來勢兇猛，我迅速向左側閃身躲避對手拳鋒，令其左拳落空（圖 3-7-15）。

111

（2）敵人在出擊左側擺拳時，由於用力過大，擊空後因慣性導致身體大幅度向右擰轉，趁對方未來得及變換招式的機會，我猛然將右腿屈膝抬起，大腿催動小腿用力，展髖，挺膝，向右側下方直線踹擊敵人前腿膝關節外側，快速反擊（圖 3-7-16）。

圖 3-7-15

圖 3-7-16

【技術要領】

針對敵人膝關節的踹擊，雖然不能制敵於死，但是可以有效地抑制對方的活動能力，令其行動不便，難以再次發動有效的攻擊。出腿的速度要快，出其不意，擊點準確。

五、弧線踢

弧線踢其實就是我們平常說的「鞭掃腿」，因其運動路線是弧形而得名。弧線踢是一種屈膝、甩小腿，從側面以腳背和脛骨沿弧形路線襲擊對手的腿法，速度快、打擊力量大、距離遠。在實戰中可以根據具體情況變換角度，做不同角度和高度的攻擊，應用非常廣泛。

弧線踢具有極強的突破防線的能力，可以有效地突破對手的層層防禦，其瞬間的鞭打能力往往可以逐步削減對手的戰鬥力，摧毀其戰鬥意志。

【技術應用 1】

(1) 實戰中，敵我雙方
對峙（圖 3-7-17）。

(2) 敵人突然進身，主
動攻擊，以左手直拳攻擊
我上盤，我迅速向左側閃
身，並用右手向左推擋對
方左手腕部，化解其攻勢，

圖 3-7-17

同時將身體重心向前過渡至左腿上，左腳獨立支撐，以前
腳掌為軸、腳跟向內輾轉，左膝關節略微彎曲，右腳隨勢
用力蹬地，右腿屈膝向右側前方提起，上體略微向左側傾
斜（圖 3-7-18）。

(3) 動作不停，身體繼續向左轉動，右腿藉助要髖的
轉動橫擺掃踢敵人左側軟肋，右腿伸直的瞬間右踝關節猛
然緊張用力，力達右腳腳背和小腿脛骨（圖 3-7-19）。

圖 3-7-18

圖 3-7-19

【技術要領】

右腿掃踢時，右肩配合內扣，右髖部稍做前移，右髖
關節發力，以腰髖帶動右腿向正前方擺動，待右膝關節擺動

至正前方瞬間，以右膝為中心，右小腿加速向前挺膝，沿弧形路線橫擺掃踢。這是弧線踢擊的動作要領，應正確領悟。

【技術應用 2】

(1) 雙方拉開架式，展開打鬥（圖 3-7-20）。

(2) 敵人率先發動攻擊，以左手直拳攻擊我上盤，我迅速向左側閃身，並用右手向左推擋對方左手腕部，化解其攻勢。同時將身體重心

圖 3-7-20

向前過渡至左腿上，左腳獨立支撐，右腿屈膝向右側前方提起，上體略微向左側傾斜（圖 3-7-21）。

(3) 旋即，以左腳前腳掌為軸、腳跟向內輾轉，身體繼續左轉，左膝關節略微彎屈，右腿隨勢借身體轉動之勢猛然向左上方橫掃對方頭頸部（圖 3-7-22）。

圖 3-7-21

圖 3-7-22

【技術要領】

弧線踢的動作極為快捷，特別是在其他手法的有效引導下出擊，更是令對手防不勝防。但是在針對較高位置進行

攻擊時，要注意快打快收，支撐腿要紮實穩定，否則一旦踢空後對身體重心的穩定影響很大，容易造成自身跌倒。

【技術應用 3】

(1) 敵我雙方展開搏鬥（圖 3-7-23）。

圖 3-7-23

(2) 敵人趁我不備，上步以兇悍的左擺拳襲擊我頭部，我迅速向後縮身躲避。在對方攻擊落空之際，我猛然向右轉動身體，飛起左腿，以小腿脛骨為力點橫掃對方腹部（圖 3-7-24）。

圖 3-7-24

【技術要領】

對於腹部正面、腰肋兩側的攻擊，一般都選擇在對手疲於招架防禦時，或者是進身攻擊而疏於防範之際，突然襲擊，效果顯著，在實戰中絕對是一種難以對付的兇狠腿法。

【技術應用 4】

(1) 雙方對峙，伺機而動（圖 3-7-25）。

(2) 敵人突然旋轉身體，以左腿橫掃我上盤，攻勢凌厲，我迅速抬起右臂進行格擋（圖 3-7-26）。

圖 3-7-25

圖 3-7-26

(3) 在化解調對手兇悍腿攻
的瞬間，我身體猝然向左擰
轉，右腳隨勢抬起，藉助腰髖
旋轉之力，右腿快速向左橫掃
對方支撐身體平衡的右腿後
側，破壞其身體重心，可將其
掃踢跌倒（圖 3-7-27）。

圖 3-7-27

【技術要領】

弧線踢也可以配合各種步法的移動，用來掃踢對手的
腿彎內側、外側肌肉與膝關節、臀部臀中肌，由於出腿隱
蔽、快速，對手很難做到有效周全的防範，一旦擊中目
標，常常可以使其感到雙腿發軟、站立不穩，肌肉充血腫
脹，甚至皮開肉綻、肌肉痙攣，立刻導致其下肢攻擊能力
喪失，從而達到削弱敵人戰鬥力和破壞其身體重心平衡的
目的；同時，也起到騷擾、破壞對手腳步移動節奏的目
的，使其難以再組織起有效的攻防。

第八節 ▶ 膝 擊

膝關節是大小腿之間的連接部位，膝蓋處質地堅硬，具備一定的硬度與殺傷威力，是近身肉搏時攻擊對手的有效武器，擊中對手時能令其立刻倒下或瞬間喪失戰鬥力。

膝技是以膝蓋為著力點來打擊對手的技術，膝部打擊，是中近距離攻擊敵人的有效武器。其撞擊速度快、力度大，進攻路線短，隱蔽性強，近身摟抱時發起攻擊對手難以察覺。

實戰中，將膝蓋部位作為攻擊武器和防禦盾牌，效果甚佳。同時膝蓋的攻擊範圍也比較廣泛，包括胸部、腹部、襠部、肋部、面部等，在近身肉搏時，往往能夠起到一錘定音的效果。

事實證明，在近距離的搏鬥中，膝蓋攻擊的殺傷力比手腳都強，動作也更為簡單、直接、兇狠，一旦擊中要害，戰鬥旋即結束。

但具體運用時，要特別注意保持身體平衡，調控好距離，掌握好時機，上肢適當配合動作，才能收到預期效果。在膝蓋攻出之前，最好先用上肢控制住對方頭頸或肩臂，以利於膝技的順利施展。

一、正頂膝

正頂膝主要是以膝蓋為力點屈膝向正前上方發動的攻擊，多用於攻擊對手的襠腹部、面部。正頂膝在實戰中是一種近身纏鬥時常用的攻擊手段，而且可以左右連續出

擊，威力更加巨大，往往可以徹底擊潰對手。

　　在具體運用時，往往用雙手先行控制住對手的上盤，縮短交手距離後，使打擊更加行之有效。上下肢協同動作，可使殺傷力倍增。由於這種膝蓋攻擊方法打擊的目標多是身體要害部位，所以一旦擊中對方，便可以當即結束戰鬥，其實效性巨大。

　　【技術應用】

　　(1) 實戰中，雙方對峙，伺機而動（圖 3-8-1）。

　　(2) 發動攻擊時，左腳突然向前上步，身體重心向前移動，伸出雙手抓住敵人一側肩頭，並用力向回拉扯，縮短彼此距離（圖 3-8-2）。

圖 3-8-1

圖 3-8-2

　　(3) 在貼近敵人的瞬間，右腳蹬地離開地面，右腿迅速屈膝抬起，以膝蓋為力點向前上方頂撞對手腹部或者襠部，出腿瞬間呼氣（圖 3-8-3）。

　　(4) 如果對手身體素質偏弱，我也可以用雙手摟抱住其脖頸，向下用力拉扯的同時，抬起膝蓋頂撞其面門，可瞬間致使其鼻口噴血（圖 3-8-4）。

【技術要領】

膝蓋攻出時要注意，身體重心向前過渡的速度要迅捷，攻擊腿起腿要快，髖部要向前放出，提膝上頂時可以適當收腹，膝蓋應保持直線運動，以節省攻擊時間與距離。支撐腿則要略微彎曲，以保持身體的平衡穩定。膝蓋前頂時要善用身體前衝的慣性去全力狠擊，同時需做好膝蓋頂落空後的補充打擊準備，用踢技或拳打重擊來進一步重創對手，或借勢扭倒對手。

正頂膝攻擊要以膝蓋為著力點，而不是用大腿上部進攻，用大腿上部進行的攻擊是沒有什麼作用的。在運用膝法過程中，應該首先使膝部運動起來，並且將體重施加到膝蓋上面，然後臀部前頂以加大攻擊力度。

圖 3-8-3

圖 3-8-4

二、側頂膝

側頂膝，顧名思義就是從側面發動的膝蓋攻擊技術。實戰中，側膝攻擊大多是以後腿打擊為主，才能收到意想不到的效果，因為如果使用前腿實施膝技，沒有足夠的攻擊距離，動作的打擊力度就不足。由於膝蓋是沿弧形路線

運動的膝技，所以在利用這種技術進攻時要掌握好敵我交手距離，並且最好是在隱蔽的情況下出腿，突然襲擊，攻其不備，威力更大。

【技術應用】

(1) 實戰中，我主動發動攻擊，搶先上步，逼近對方，並用雙手抓住敵人一側肩頭，用力向回拉扯（圖3-8-5）。

(2) 旋即，左腳跟突然內扣，挺膝直立，身體向左轉動，右腿隨之屈膝抬起，右腳向外橫擺，隨身體轉動向左前方沿弧形路線橫頂撞出，以膝蓋為力點襲擊敵人側肋（圖3-8-6）。

圖 3-8-5

圖 3-8-6

【技術要領】

側頂膝主要是利用身體的轉動，帶動腿膝實施攻擊。攻擊時，身體轉動要快，抬腿迅速，上體要適當向一側傾斜，注意支撐腿的穩定，以身體的轉動帶動腿部動作，擰腰轉臀發力。在實施膝技時，如果不先扭轉臀部，那麼攻擊力量就不足以擊潰對手。在攻擊過程中，臀部要向後運動才能保證有足夠的攻擊距離。

第 **4** 章
擒拿與抓捕技術

　擒拿與抓捕技術，屬於近身纏鬥技術，在激烈的肉搏打鬥中更易於控制局面。在實施擒拿與抓捕行動時，不僅要求格鬥者具備強悍的力量，更需要熟練的技巧。要眼明手快，多動腦筋，必須能在瞬息萬變之中，判斷出對手何處是弱處，自己該使用什麼樣的對策，選擇得當，才能以巧取勝。既要拼體力，又要拼智慧，是比較高級的軍用格鬥技術。

第一節 ▶ 絞窒技術

　　絞窒技術是指針對敵人脖頸實施技術動作，施加壓力進行扼絞或鎖固，以令對手窒息或喪失反抗能力的手段。

　　頸部位於頭、胸和上肢之間。頸椎將顱骨和胸椎相連接，並發出八對頸神經，形成頸叢神經和臂叢神經。頸椎由七個椎骨連接而成，頸椎的寰枕關節和寰樞關節是脊柱和顱骨相連接的重要關節，是大腦與脊髓、頭與身體相連接的樞紐。頸前方中線有呼吸和消化道的頸段，兩側有縱行排列的大血管、神經和淋巴結。頸部是人體主要的呼吸通道，也是人體供給大腦血液的唯一通道。

　　由於頸部所處的重要位置，以及其生理結構、生理作用、運動特點的特殊性，在實戰中針對頸部實施有效的擠壓，可導致對手大腦、中樞神經供血不足，刺激或損傷頸部神經與淋巴，輕者可致其呼吸阻塞，頭腦暈眩；重者可

導致頸椎折斷，窒息，昏厥，甚至立即死亡，最終達到徹底制服對手的目的。

一、裸　絞

裸絞是不需要利用自己或者對手的衣服進行扼絞和窒息的方法，這種技術簡單實用，行之有效。裸絞一般有兩種形式，一種是針對對手脖子兩側的動脈血管進行遏制，導致對方大腦供血不足；另一種方法是針對對手的咽喉氣管進行遏制，導致對方呼吸困難、窒息。

【技術應用1】

(1) 在實戰中，我由敵人背後偷襲，突然抬起右臂，屈肘由對方右側肩頸處插入領下，以前小臂及肘窩部摟鎖住對方喉頸部（圖4-1-1）。

圖 4-1-1

(2) 繼而，左臂屈肘向上抬起，左手手心向上置於對方左肩上方，雙手十指搭扣在一起，將對方的頭頸置於自己胸前，同時右臂屈肘收緊，左手配合使勁向後拉扯，以右小臂橈骨部位為力點，針對敵人咽喉、脖頸實施勒鎖，可令對手因窒息而屈服（圖4-1-2）。

在具體運用時，雙手可以扣

圖 4-1-2

搭在一起，也可以右手握拳，用左手扣抓右手拳輪部位（圖4-1-3），或者直接以左手扣抓自己右手腕部（圖4-1-4）。

圖 4-1-3

（3）這是一種最基本的裸絞技術，此外，如果你的體力明顯優於敵人的話，也可以在以右臂勾鎖住對方脖頸後，用右手抓住他的左側肩頭，同時另一隻手以掌心為力點猛力向前推壓對方後腦（圖4-1-5），抑或用左手握拳使勁搗擊對手左側後腰部位（圖4-1-6）。

圖 4-1-4

【技術要領】

右臂針對敵人脖頸形成鎖控時，右肩及胸部要有意識地向前頂住對手後腦，令其無法解脫，並形成交錯的壓力。左右手動作要求配合協調。

圖 4-1-5

圖 4-1-6

英國皇家特種部隊格鬥術 SAS 防暴制敵經典教範

【技術應用 2】

(1) 我由敵人背後實施偷襲，突然抬起右臂，屈肘夾緊，以前小臂及肘窩部摟鎖住對方喉頸部（圖 4-1-7）。

圖 4-1-7

(2) 隨即，左臂屈肘向上抬起，肘尖搭靠於對方左肩頭側，同時，右手迅速扣抓住左大臂肘窩處，並用左肘窩夾緊右手（圖 4-1-8）。

(3) 動作不停，在右手臂猛然向後回拉以鎖卡敵人喉結、脖頸的同時，左手內旋用力，以掌心為力點向前推按其後腦，可令對手因窒息而屈服，雙臂協同動作（圖 4-1-9）。

(4) 手臂施展動作的同時，頭部可以配合左轉，以頭頂右側抵壓自己左手手背，以助發力，令敵人因窒息而屈服（圖 4-1-10）。

圖 4-1-8

圖 4-1-9

圖 4-1-10

【技術應用】

動作運用時，利用右小臂橈骨部位與左手手掌交錯發力，來控制、壓迫對手頸動脈和氣管，輕者可導致其呼吸阻澀，轉動不靈，大腦供血不足、昏迷、休克；重者可導致頭腦暈眩，危及生命。鎖頸一旦得手，對方很難解脫。完成動作時，要求兩臂同時發力，注意絞鎖時右手一定要抓牢左臂肘窩。頭部的輔助動作，會使鎖拿效果更加顯著。

二、片羽絞

【技術應用】

(1) 我於敵人身後跟進，準備實施摸哨行動（圖4-1-11）。

(2) 貼近對手後背瞬間，我突然伸出右臂，由後向前揮臂，以前小臂為力點橫擊對手側頸，隨即屈肘、夾緊，以臂肘圈鎖住對手喉頸部位，同時左臂由對手左腋下快速插入（圖4-1-12）。

圖4-1-11

(3) 繼而，我左臂向左上方用力撩起對手左臂膀，並屈肘用力後拉（圖4-1-13）。

(4) 緊接著，我左臂屈肘、內旋，左手以掌心為力點、用力向前推壓對手後腦。兩臂前後交錯發力，令其因窒息而屈服（圖4-1-14）。

圖4-1-12

圖 4-1-13

圖 4-1-14

【技術要領】

貼近對手的速度要快，敏捷且不易被其察覺；整個動作要求運用自如，聯貫順暢，切勿動作脫節，否則適得其反。雙手要協同動作，利用右臂部與左手交錯發力，來控制壓迫對手頸動脈，可導致其大腦供血不足、昏迷、休克，一旦得手，對方很難解脫。

三、十字絞

【技術應用】

(1) 面對敵人，先伸出右手，將右手四指伸至敵人衣領右側內部，然後立即攫住其右側衣領部位（圖 4-1-15）。

(2) 動作不停，再伸出左手，經右小臂上方將左手四指伸至敵人衣領左側內部，並牢牢攫住其左側衣領部位；旋即，在雙臂交叉狀態下，雙手猛然用力向兩側拉扯其衣領，從而針對敵人脖頸兩側頸動脈和氣管形成勒絞（圖 4-1-16）。

圖 4-1-15　　　　　　　　　　　圖 4-1-16

【技術要領】

雙手動作配合要協調，同時用力向兩側拉扯，利用朝相反方向的交錯擠壓力量來給予對手造成絞窒。

四、斷頭台

【技術應用 1】

(1) 實戰格鬥中，敵人主動發起進攻，揮舞右臂，欲以右擺拳襲擊我上盤（圖 4-1-17）。

圖 4-1-17

(2) 對方撲身而來，我迅速抬起右腳向前踢襲對手襠部，後發先至，以遏制其攻勢（圖 4-1-18）。

(3) 敵人為躲避我的襲擊，勢必低頭收腹，趁對手上體前俯之機，我迅速伸出左手抓住其右側肩頭，順勢向回用力拉扯，縮短彼此距離（圖 4-1-19）。

(4) 緊接著，右臂快速由對手

圖 4-1-18

頭部左側繞至其頸部後方，屈肘、內旋向下夾鎖住對手脖頸，左手配合用力下按其右肩頭；上動不停，右臂繼續夾緊，右手向左上方提拉，並死死扣抓住左手手腕，上體後仰，雙臂協同用力，牢牢鎖住對手的頸部，猛然間對其頸部進行扭折，可以徹底令其屈服（圖4-1-20）。

圖 4-1-19

圖 4-1-20

【技術要領】

鎖頸過程中，右手一定要牢牢抓住左手腕部，右小臂要向上提拉，以橈骨勒住對手咽喉部位，右大臂與右肩部要有意識地向下沉壓，腋窩夾緊，與小臂形成交錯的夾角，從而對其頸部實施縱向的折別，可以導致對手窒息。

不過這種鎖拿方法在實戰運用中，要注意防範對手用勾拳和頂膝動作反抗，提高自我保護意識。

【技術應用2】

(1) 敵我雙方展開打鬥，對手率先發動攻擊，突然以左側擺拳襲擊我頭部（圖4-1-21）。

(2) 我迅速用右手向外格擋，並順拿其左臂，以化解其凌厲攻勢，同時用左手上勾拳襲擊其頭部（圖 4-1-22）。

圖 4-1-21　　　　　　　　圖 4-1-22

(3) 對方因躲避打擊，勢必向右側傾斜上體，令我勾拳擊空，我趁機將身體重心前移，用左側大臂用力向下壓制對方後頸部，令其頭頸置於我左側腋下（圖 4-1-23）。

(4) 隨即，左臂屈肘，向上用力扼住對方頸部，右手順勢抓住自己左手腕部，雙臂配合，一併鎖緊，可使其窒息。在鎖緊的瞬間，身體猛然向右側擰轉，可折斷其頸椎（圖 4-1-24）。

圖 4-1-23

圖 4-1-24

【技術要領】

　　左臂的攻擊與鎖頸動作要順暢、自然，宛如蟒蛇一般遊刃對手的身體。大臂下壓動作很關鍵，目的是為下一步的鎖控打好基礎。左臂夾鎖要及時、牢固，要將對手的頭頸緊貼於自己的左肋側與腋下。整個動作要求乾淨俐落，反應敏捷，膽大細心，配合巧妙。

【技術應用 3】

　　(1) 雙方交手，敵人用右拳擊打我胸部，我避開拳峰，迅速用左手向右上方托推其右肘關節外側（圖 4-1-25）。

　　(2) 繼而，身體突然左轉，右腳快速向前上步，以右手直拳攻擊對方頭部。如果對手反應敏捷，及時俯身躲開我右手拳，我則順勢將右臂朝對方腦後伸展（圖 4-1-26）。

圖 4-1-25　　　　　　　　圖 4-1-26

　　(3) 動作不停，右臂屈肘、內旋，沿對方脖頸向內環抱其頸部，待右臂穿插至其咽喉下方時，左手順勢抓住自己右手腕部，雙臂收緊，上體後仰，針對其脖頸實施鎖控（圖 4-1-27）。

圖 4-1-27

【技術要領】

在雙臂形成鎖控之勢時，右臂用力向上提拉，右側腋窩夾住對方後脖頸部位，右肩要有意識地向後仰靠，可以有效提高勒扼的力度。

五、圈　扼

【技術應用 1】

(1) 與敵人正面相遇，雙方相向而行（圖 4-1-28）。

(2) 在彼此錯身之際，我突然抬起右臂，揮舞臂肘橫擊對手脖頸、咽喉（圖 4-1-29）。

圖 4-1-28

圖 4-1-29

（3）旋即，右臂屈肘圈鎖住對方脖頸，左手順勢抓住自己右手腕部，身體猛然左轉、俯身，以臀部向上、向後拱頂對手後腰，同時雙臂收緊，牢牢鎖死對手脖頸（圖4-1-30）。

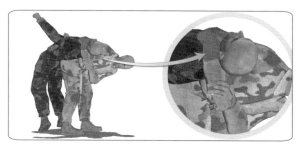

圖 4-1-30

【技術要領】

右臂出手突然，令其猝不及防。轉身速度要快，雙腿蹬地，臀部後撬，雙臂夾緊，整個動作過程要聯貫協調。

【技術應用 2】

（1）實戰中，敵人用右拳襲擊我上盤，我及時閃身躲避，並用左手推擋其右臂肘關節外側，以化解其攻勢（圖4-1-31）。

圖 4-1-31

（2）旋即，我右腳向前上步，落腳於對手前腳後側，同時右臂自對方右腋窩下方穿過，並向上舉起（圖4-1-32）。

（3）動作不停，身體猛然左轉，右臂屈肘，連同對手左臂與脖頸一併圈摟住，左手順勢抓住自己右手腕部，雙臂協同動作，牢牢鎖緊（圖4-1-33）。

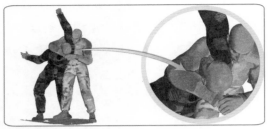

圖 4-1-32　　　　　　　　　　圖 4-1-33

【技術要領】

鎖定時，要以右臂橈骨為力點勒擠對手脖頸左側，並將其右臂擔於我右肩上方。轉體時，上體要配合前俯，同時右腿蹬直，別絆其下盤，瞬間發力可將對手摔倒在地。

【技術應用 3】

(1) 雙方交手，敵人伸出左手抓扯我右側肩頭，準備掄動右拳發動襲擊（圖 4-1-34）。

(2) 我右腳向前快速上步，逼近對方的同時，向前移動重心，掙脫其左手的抓扯，同時，右臂抬起。向前伸展，自對方左側腋下穿過（圖 4-1-35）。

圖 4-1-34　　　　　　　圖 4-1-35

（3）繼而，身體猛然左轉，右臂屈肘，連同對手左臂與脖頸一併圈摟住，左手順勢抓住自己右手腕部，雙臂協同動作，牢牢鎖緊（圖4-1-36）。

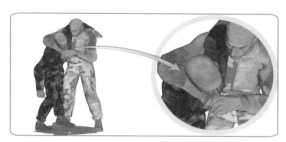

圖4-1-36

【技術要領】

鎖頸時，要以右臂橈骨為力點，勒擠對手脖頸右側，並將其左臂擔於我右肩上方。轉體時，上體要配合前俯。

六、掐窒

【技術應用1】

（1）實戰中，對手用右拳襲擊我頭部，我迅速用左手格擋並抓握其右手腕部，化解其攻勢（圖4-1-37）。

圖4-1-37

（2）旋即，右腳快速向前上步，落腳於對手前腿後側，牽絆住其下盤（圖4-1-38）。

（3）繼而，左手向左後方用力牽拉對方右臂，同時右臂向前伸展，右手以指尖為力點鎖掐其

圖4-1-38

圖 4-1-39

咽喉、氣管（圖 4-1-39）。

【技術要領】

上步要快，落點要準確，一定要置於其前腿後方，右手鎖掐有力，力達指尖。右手掐住對方咽喉後，可以用力擰轉。

【技術應用 2】

(1) 敵人趁我不備，由我身後偷襲，突然攔腰將我抱住（圖 4-1-40）。

(2) 我立即向右側轉動上身，右臂抬起，順勢向右後方擺動，

圖 4-1-40

繞過對方頭頸後，屈肘以右手扳住對方額頭（圖 4-1-41）。

(3) 幾乎同時，左手隨身體的轉動，猛然右手以指尖為力點掐住對方咽喉，可迫使其放鬆對我的摟抱（圖 4-1-42）。

【技術要領】

轉身要快，雙手動作要敏捷、有力。掐住對手咽喉，

圖 4-1-41　　　　　　　　　圖 4-1-42

可導致其呼吸困難，腦供血不足，從而放鬆對我的控制。

【技術應用 3】

(1) 雙方交手時，敵人突然向我撲過來，並伸出雙手攔腰將我抱住，左右搖晃欲將我摔倒（圖 4-1-43）。

(2) 此時我迅速伸出雙手、張開虎口，向前上方猛掐對手頸部、咽喉，令其窒息而放棄攻擊（圖 4-1-44）。

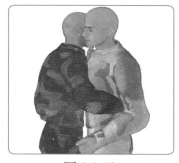

圖 4-1-43　　　　　　　　　圖 4-1-44

【技術要領】

掐頸時兩手虎口要同時向前上方用力，瞬間出手，力達十指。出手時，繃緊腰腹及背部肌肉，以提高鎖掐力度。

第二節 ▶ 關節降服

　　人的身體有許多關節，如肘關節、腕關節、膝關節等，這些關節是各部分肢體的連接部件，是身體完成各種動作的活動樞紐，它們令你的行動更加流暢自如。但是，關節的活動範圍又都是有限的，如果超越了它的極限，它們就會發生脫臼和損傷。關節降服技術正是利用人體在這方面的侷限性，透過技術手段迫使敵人的關節受到限制，來達到降服敵人的目的。

一、指關節降服

【技術應用 1】

　　(1) 對方主動進攻，突然用右手抓拿我胸部衣襟，並用力向後拉扯，欲將我拽倒（圖 4-2-1）。

圖 4-2-1

　　(2) 此時，我迅速右臂屈肘，用右手抓握住對手右手大拇指（圖 4-2-2）。

　　(3) 隨即，向前俯身，重心前移，同時右小臂外旋，配合上體前傾，右手攥緊對手右手大拇指使勁撅之，可令其指斷筋折（圖 4-2-3）。

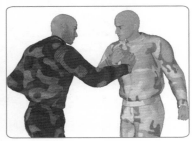

圖 4-2-2

英國皇家特種部隊格鬥術 SAS 防暴制敵經典教範

【技術要領】

出手果斷，反應迅速，抓握要準確、牢固、有力，抓握的位置是對方的右手大拇指。擒拿時，手的動作要與上體前傾、小臂外旋配合協調。整個動作完成時要出其不意，一氣呵成，切勿拖泥帶水。

【技術應用 2】

(1) 實戰中，對方突然用右手抓住我左肩頭，並用力拉扯，欲將我摔倒（圖 4-2-4）。

圖 4-2-3　　　　　　　　　圖 4-2-4

(2) 此時我迅速右臂屈肘，右手自上而下扣抓住對手的右手小指外側，並摳起其小拇指、攥緊（圖 4-2-5）。

(3) 旋即，身體突然向右側轉動，左肩內扣，肩與手合力，右手攥住對方右手小拇指順勢撅之（圖 4-2-6）。

圖 4-2-5　　　　　　　　　圖 4-2-6

【技術要領】

摳抓住對手小拇指要牢固，摳指動作要脆快，轉身時左肩要內扣，以肩部配合手部動作，協同完成摳指技術。完成動作時要求凝神斂氣，擰腰順胯，聯貫敏捷，出其不意。

【技術應用 3】

(1) 我被對手由身後攔腰抱住，處於被動局面（圖4-2-7）。

(2) 我迅速雙腿屈膝，身體重心下沉，同時用雙手扣抓住對方雙手小指，一併用力向外、向下摳之，可令其疼痛難忍而放鬆對我控制（圖4-2-8）。

圖 4-2-7

圖 4-2-8

【技術要領】

雙手扣抓對方小指要迅速、準確，向身體兩側掰摳時，胸腹部要配合用力向前挺起，同時，雙臂要夾緊對方雙臂。

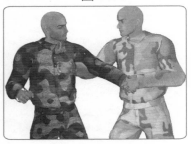

圖 4-2-9

【技術應用 4】

(1) 雙方見面，互用左手握手施禮。我身體猛然左轉，右腳向前上步，落腳於對方身後，同時左手向後拉扯對方左手，令其手臂伸直，右臂順勢尤其腋下穿過（圖4-2-9）。

(2) 旋即，右臂屈肘回勾其左大臂，左手配合向上提拉對方左手，令其左臂向上彎曲（圖4-2-10）。

(3) 緊接著，右手順勢攬握住對方左手小指，用力向下掰撅（圖4-2-11）。

圖 4-2-10　　　　　　　　圖 4-2-11

【技術要領】

轉身、上步、穿臂動作要快、協調，右手攬住對方左手小指時，左手要牢牢控制住對方左手手掌。

二、腕關節降服

【技術應用 1】

(1) 敵我對峙，對手突然用左手反臂、虎口向下抓握我右前小臂，欲對我實施擒拿（圖4-2-12）。

(2) 我迅速將右臂屈肘向上抬起，同時用左手扣按住對手左手背（圖4-2-13）。

(3) 隨即身體略右轉，上體前傾，重心下沉，周身合力以攛拿其左手腕關節（圖4-2-14）。

圖 4-2-12　　　　　　圖 4-2-13

圖 4-2-14

【技術要領】

左手抓按對手手背時，一定要掌刃為力點按壓住其手背腕關節處。重心前傾、下沉速度要快，要與攛拿動作配合協調，整體發力施拿。反應要迅速，切勿遲疑，否則貽誤戰機。

【技術應用2】

(1) 雙方見面，互用右手握手

圖 4-2-15

施禮（圖 4-2-15）。

(2) 我在握緊對方右手的前提下，身體猛然向右轉動，左腳朝對方身前上步，同時左臂自其左腋下穿插而過（圖 4-2-16）。

(3) 旋即，左臂屈肘回勾其右大臂，左手順勢抓住其右手腕部，右手配合向上提拉對方右手，令其右臂向

圖 4-2-16

上彎曲。在其右手向上豎起的瞬間，我右手猝然向下扣壓其右手掌，針對其右手腕部實施擺拿（圖 4-2-17）。

圖 4-2-17

【技術要領】

轉身上步，右手要有意識地將對方右臂拉直。右手下擺對方右手手掌時，左手要攥緊對方右手腕，並配合右手動作向懷中攬拉。

【技術應用 3】

(1) 對手用右手直拳襲擊我胸部，我迅速用右手刁拿其腕部（圖 4-2-18）。

(2) 旋即，右手在攥緊其腕

圖 4-2-18

143

部的前提下，掌根猝然向下沉壓、扣按，針對其腕關節實施摑拿（圖4-2-19）。

圖 4-2-19

【技術要領】

右手擒拿其腕部時，手掌要有意識地接近其拳頭一側，如果抓拿小臂或者過於靠近其肘關節一側，就難於實施摑拿動作了。

【技術應用 4】

(1) 對手用右手直拳襲擊我胸部，我迅速閃身避讓，並用右手刁抓來拳腕部（圖4-2-20）。

(2) 旋即，抬起左手抓住對方右臂肘關節外側，右手掌根猝然向下沉壓、扣按，針對其右手腕關節實施摑拿（圖4-2-21）。

【技術要領】

右手向下摑拿時，左手配合用力推頂對方右臂肘尖，雙手同時發力，才能達到預期效果。

圖 4-2-20

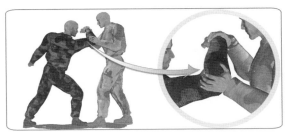

圖 4-2-21

【技術應用 5】

(1) 對手正在徘徊或走動時，我尾隨其後，悄悄跟進（圖 4-2-22）。

(2) 在接近對手的一瞬間，我突然伸出左手，由對手右臂內側快速插入，用力拉扣住其右肘窩，將其大臂牢牢貼在我胸前，同時右手自上而下抄抓住對方右手手背（圖 4-2-23）。

圖 4-2-22

圖 4-2-23

(3) 緊接著，我右手抓牢其右手手背，迅速上提至我右胸前以擮其手腕，同時左手鬆開對手右肘窩，並快速搭按於我右手背上，配合右手共同完成擮腕動作，以達到徹底鎖控其右臂之目的（圖 4-2-24）。

145

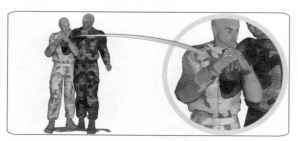

圖 4-2-24

【技術要領】

控制對手手腕時，務必要將其右大臂牢牢固定於胸前。拉肘、抓手動作要快速、敏捷。

折腕時，右臂要緊緊夾住對方右大臂，以防止其肘臂解脫。出手動作要快，出其不意。

【技術應用6】

(1) 我與對手不期而遇，相向而行（圖4-2-25）。

(2) 在彼此錯身的一剎那，我迅速貼近其身體左側，左手從其左臂肘關節內側插入，並迅速攬住其臂肘，用力向我胸部拉近，使其左肘固定於我胸口處，同時右手自下而上將抓住對方左手手背（圖4-2-26）。

圖 4-2-25

(3) 緊接著，我右手抓握住對方左手手背迅速抬起，並向我胸口方向扣壓以擷其手腕，同時左手鬆開對手臂肘，並快速搭按於我右手背上，配合右手共同完成擷腕動作，以達到徹底鎖控其左臂之目的（圖4-2-27）。

圖 4-2-26　　　　　　　　　圖 4-2-27

【技術要領】

　　貼靠對方身體速度要快，出手時機要準確、突然。雙手動作配合協調，拉肘、抓手動作要快速、敏捷，形成合力。

三、肘關節降服

【技術應用1】

　　(1) 雙方見面，彼此伸出右手，互相握手施禮（圖4-2-28）。

　　(2) 我突然發起進攻，身體右轉，左腳向前快速上步，落腳於對手右腳後側，腳尖扣住其下盤，右手順勢將對手右手拉直（圖4-2-29）。

　　(3) 動作不停，身體繼續右轉，右手用力向下撅壓對手右手掌，同時左臂屈肘由對手右臂上方繞過，穿至其小臂之

圖 4-2-28

147

下，順勢抓握住我右手腕，雙手協同用力向下、向內拉扯，針對其右手腕關節實施撅拿（圖4-2-30）。

圖 4-2-29

圖 4-2-30

【技術要領】

上步、穿臂、撅腕動作聯貫快速，協調一致，雙手一定要將其右臂緊貼於我身前。動作要求敏捷迅速，發力脆快，落點準確，要將主動權始終掌握在自己手中。

【技術應用2】

(1) 雙方交手時，對手用右手擺拳襲擊我頭部，我迅速用左掌向外劈砍格擋來拳（圖4-2-31）。

(2) 在左手觸及對方手腕一瞬間，立即翻腕刁抓其腕部（圖4-2-32）。

(3) 繼而，右腳上步，身體左轉，左手下拉至胸前，同時右手自下而上摟抓住對手右肘關節外

圖 4-2-31

側，並使勁回拉，左手配合右手向外推撐，兩手協同發力以攦其肘關節（圖4-2-33）。

圖4-2-32　　　　　　　　　圖4-2-33

【技術要領】

動作要求聯貫協調，出手果斷，勁力飽滿，一氣呵成。攦肘時，左右手要同時發力，力量方向相反，交錯施技。

【技術應用3】

(1) 對手用右手擺拳襲擊我頭部，我迅速抬起左臂向外格擋（圖4-2-34）。

(2) 在化解其攻勢後，身體略左轉，右手由對手右臂下方穿過，向上扳拉住其肘關節外側（圖4-2-35）。

圖4-2-34　　　　　　　　　圖4-2-35

(3) 旋即，右手用力回拉，然後內旋翻掌扣抓其肘尖處，左手順勢抓住其右手腕部，用力向下扣壓，雙手協同動作，針對其右肘關節實施撅拿（圖 4-2-36）。

圖 4-2-36

【技術要領】

　　左右手配合協調，交錯用力。雙手發力撅拿其肘關節時，身體要配合左轉，以助發力。

第三節 ▶ 脫解技術

　　脫解技術是針對擒拿與降服而言的，也可以說是用來反制和克服擒拿技術的。世間任何事務都是有生有尅的，正如中國武學中的陰陽學說，格鬥技術也是陰陽對立的，有用招便會有尅招。

　　在戰場上，如果你被敵人擒拿降服了，即被俘虜了，你所面臨的不僅僅是生命的安危問題，同時，你也可能因此令你的組織和國家榮譽蒙黑。所以，成功的脫解敵人的控制，是件非常重要的事情。

一、正面掐窒的脫解與反擊方法

【技術應用】

(1) 實戰中，敵我雙方對峙，敵人突然前衝，撲奔過來，並伸出雙手、張開虎口掐住我的脖頸，且用力將我向後推搡，令我處於極度被動的局面，這種威脅比普通的脖頸被卡鎖要危險得多，必須立即採取正確的擺脫措施，否則後果不堪設想（圖 4-3-1）。

圖 4-3-1

(2) 此時，可以不斷向後退步，以緩解敵人的衝勁，化解危機（圖 4-3-2）。

(3) 在對方前衝的勢頭減弱的一刹那，身體猛然左轉，同時右臂伸展，高高向上抬起，以右臂腋窩裏住他的左手，對其形成一定的壓力（圖 4-3-3）。

圖 4-3-2

圖 4-3-3

151

（4）動作不停，左臂屈肘內扣，左手扣抓住敵人右手，並用力向下拉扯，同時雙腿屈膝，身體繼續左轉，重心猛然下沉，右臂屈肘，以大臂外側為力點猝然垂直向下沉壓，迫使對方雙手放鬆對我脖頸的控制（圖4-3-4）。

圖4-3-4

（5）繼而，身體再猛然右轉，身體重心向右過渡，在左手牢牢控制住敵人右手的前提下，右臂屈肘隨身體的轉動向右後方擺擊，以右肘尖為力點狠狠襲擊對方下頜或者頭部（圖4-3-5）。

圖4-3-5

【技術要領】

在對手強勢前衝的時候，儘量不要與之頂牛抗衡，明智的方法是順應他的發力方向，採取反制措施，快速退步，上體後仰，以洩其力。身體左轉時，動作幅度要大、要突然，但應注意身體的平衡，雙腳要牢牢紮穩，右臂儘量向上伸展，右大臂和肩頭儘量靠近自己右耳側，重心略向上提起，蓄勢待發。左手的拉扯，身體的右轉，重心的

下沉，右臂的沉壓，這些迫使敵人雙手放鬆對我脖頸控制的一系列動作，要聯貫協調，一促即發，才能收到預期的效果。隨後的後擺肘攻擊，要出擊果斷，毫不猶豫，才可以徹底瓦解敵人對我的控制。

二、側面圈扼的脫解與反擊方法

【技術應用】

(1) 在與對手發生衝突時，對手由我身體左側進攻，突然伸出右臂圈鎖住我的脖頸，其左手抓住右手腕部，使勁勒扼，對我頸動脈和氣管形成壓迫，令我處於極為被動狀態（圖4-3-6）。

圖4-3-6

(2) 在這種情況下，頭部要儘量向左擰轉，腰髖也一併左轉，左臂屈肘，左手由對方肩臂後上方繞過，搬住對方鼻口和下頜位置，同時右臂伸展，隨身體的轉動自下而上撩掛對手襠部，以右小臂橈骨部位為力點，襲擊其腹股溝要害部位（圖4-3-7）。

圖4-3-7

(3) 在敵人對我的控制稍有鬆懈的瞬間，我身體重心立即向上提起，直起腰來，同時左臂肘下沉，左手扣住對方面部用力向前下方按壓，迫使其向後仰面（圖4-3-8）。

(4) 隨即，迅速抬起右臂，以右拳狠狠擊打對手胸部或者咽喉（圖4-3-9、圖4-3-10）。

153

圖 4-3-8

圖 4-3-9

圖 4-3-10

【技術要領】

　　用手臂由身體一側圈鎖對手脖頸，這種控制手段在街頭打鬥、校園衝突和酒吧爭吵過程中是最常見的襲擊方式。在面臨這種被動局面時，要迅速做出反應，否則很容易被對方拖倒在地。左臂屈肘，左手要在第一時間插入對方脖頸下方、扣住他的鼻口和下頜位置。頭部左轉的目的是防範對手可能使用的左手勾拳擊打。右臂撩掛其襠部的動作要藉助身體左轉的力量，順勢而發。左手扣按敵人面部時，手指儘量扣壓對方的鼻子、眼睛和下頜部位，注意不要將手指伸入其口中，否則被其咬住則很麻煩。如果對

方的頭髮較長，也可以順勢拉扯其髮髻，最終目的就是迫使其仰面抬頭，迫使其脖頸過度向後伸展，為進一步的打擊奠定基礎。右手的攻擊可以是聯貫的，擊打的時候，左腳可以配合向前移動步伐，同時，左手針對其頭部的拉扯或者扣壓動作不要鬆懈停滯，而應進一步加大力度。

三、背後絞窒的脫解與反擊方法

【技術應用】

(1) 我處於站立狀態，對方由我身後逼近，突然由後向前將右腳插入我兩腿間，同時伸展右臂，屈肘圈攬住我脖頸，其肘窩部位卡住我咽喉位置，其左手輔助扣抓住自己右手，雙臂收緊，欲針對我咽喉實施圈鎖窒息，迫使我呼吸困難（圖 4-3-11）。

(2) 在對方雙臂即將鎖緊我咽喉的一剎那，我迅速向左轉動身體，左手立即扣抓住對方左臂腕部，幾乎同時，再用右手扣抓住對方右臂腕部（圖 4-3-12、圖 4-3-13）。

圖 4-3-11　　　　　　　　圖 4-3-12

(3) 繼而，雙手用力向下拉扯對方雙腕，迫使其放鬆對我的控制，同時頭頸立即向左轉動，使下巴脫離開對方右臂肘窩位置（圖 4-3-14）。

圖 4-3-13

圖 4-3-14

(4) 動作不停，身體繼續向左轉動，令左肩和頭頸由對方右側腋下扭轉脫出（圖 4-3-15）。

(5) 頭頸由對方右側腋下脫離出來後，雙手依舊要死死抓住對方雙腕不放，右手用力向外翻撐其右腕，迫使其肘部關節翻轉

圖 4-3-15

至極限，產生劇痛而徹底喪失對
我的束縛（圖 4-3-16）。

（6）緊接著，快速飛起右
腳，以腳背或者小腿脛骨部位為
力點狠狠攻擊對方襠部（圖 4-3-
17）。

圖 4-3-16

圖 4-3-17

【技術要領】

本勢與上勢動作要領基本相同，前者主要是針對對手
卡勒我側頸部位採取的逃脫方法，本勢則是針對對手勒鎖
我咽喉採取的逃脫措施。

不同之處就在於對方控制我脖頸的作用力點不同，本
勢中轉身的動作幅度較前者略大一些。雙手下拉對方雙
腕，迫使其放鬆對我咽喉控制的瞬間，頭頸要迅速向左擰
轉，讓下巴及時擺脫對方的右臂肘窩，這點至關重要。

四、斷頭台的脫解與反擊方法

【技術應用】

(1) 雙方交手時，我處於被動局面，脖頸不慎被對方用右臂圈鎖住，其左手抓住自己右手腕部，準備向後仰身，以「斷頭台」技術降服我（圖 4-3-18）。

(2) 此時，我需迅速用左手搬抓住對方右手腕部，並用力向左下方拉扯，同時伸展右臂，以右掌自下而上撩打對手襠部，迫使其放鬆對我脖頸的鎖控（圖 4-3-19）。

圖 4-3-18　　　　　　　　　　圖 4-3-19

(3) 動作不停，身體左轉，左手繼續向左拉扯對方手臂，同時借轉身之勢，將右側肩膀擠進對方雙臂內側，這樣對方令我窒息的企圖就無法得逞，並以右大臂擠別其左臂，迫使其左手放鬆對其右手腕的抓握，頭頸配合用力向上抬起，擠頂對手右側腋窩（圖 4-3-20）。

(4) 繼而，我右腳向對方右腳外側上步，右臂屈肘，右手扣按住自己左手，身體猛然左轉，直腰挺身，重心向

上提起，左肩順勢向上扛頂對方左大臂根部，雙手配合用力向下扣壓，令其徹底放鬆對我的控制，並被我反制（圖4-3-21）。

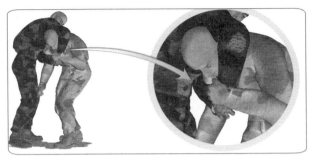

圖 4-3-20

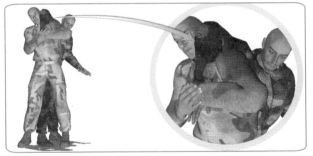

圖 4-3-21

（5）緊接著，身體繼續向左後方翻轉，雙手隨即放開對方的右臂，轉身後迅速抓扯住敵人的後頸和後背，用力向下按壓，同時右腿屈膝向上狠狠頂撞對方腹部，予以還擊（圖4-3-22）。

圖 4-3-22

159

【技術要領】

站立狀態下的「斷頭台」技術是非常凶險的降服手段，一旦對方意圖得逞，將令我產生嚴重窒息，甚至瞬間折短脖頸，後果是相當嚴重的，所以，絕對不能讓敵人順利實施動作。在對方右臂剛剛圈住我脖頸的一剎那，就要做出及時反應。要充分利用身體的轉動，以右側肩臂擠別對方左臂，配合左手的拉扯，周身協調動作，瞬間發力，才可以順利解脫，成功擺脫控制。轉身後的反擊動作要自然、順暢，順勢而為，一氣呵成。

五、正面熊抱的脫解與反擊方法

【技術應用】

(1) 敵人由正面對我發動襲擊，突然雙手自我兩側腋下穿過，攔腰將我抱住，並逐漸將雙臂收緊，欲將我抱死（圖 4-3-23）。

(2) 危急時刻，我迅速抬起雙臂，用雙手手掌夾住對方臉頰，倆大拇指摳按住其雙眼部位（圖 4-3-24）。

圖 4-3-23

圖 4-3-24

英國皇家特種部隊格鬥術 SAS 防暴制敵經典教範

(3) 旋即，雙臂一併用力向前伸展，雙手大拇指使勁向前下方摳按敵人雙眼，令其因眼睛劇痛而放鬆對我的控制（圖4-3-25）。

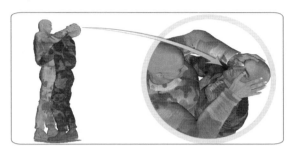

圖 4-3-25

【技術要領】

雙手拇指摳按對方雙眼是非常凶險的技術，也是非常行之有效的，出手時動作要突然、到位，手掌一定要夾緊其臉頰。雙臂同時發力前送，瞬間動作不僅可以給予敵人雙眼造成損傷，而且可以令其當即仰摔在地。

也可以用雙手大拇指摳按敵人鼻子部位，具體攻擊部位，可根據具體情況而定，敵人不同，手段不同。

六、背後熊抱的脫解與反擊方法

【技術應用】

(1) 對方在我身後突然伸出雙臂，連同我雙臂一併鎖抱住，並用力向上提舉，欲將我提起扭摔在地（圖4-3-26）。

(2) 我迅速降低身體重心，以加大對方提舉的難度，同時臂向右後方伸展，以右掌拍擊對手襠部生殖器（圖4-3-27）。

圖 4-3-26

161

（3）旋即，身體猛然右轉，右臂屈肘，以肘尖為力點向右後方橫掃敵人頭頸部，迫使其放鬆對我的束縛（圖 4-3-28）。

（4）繼而，雙手拉扯控制住敵人上體，儘量將其向懷中拉扯，並以右膝連續攻擊其襠腹部，予以重創（圖 4-3-29）。

圖 4-3-27

圖 4-3-28

圖 4-3-29

【技術要領】

在被熊抱時，當對方意欲將你提舉起來的情況下，一定要雙腿屈膝、降低身體重心，這一點非常重要。

只有首先破壞掉敵人的抱摔意圖，才可以進一步實施一系列連續攻擊。

第四節 ▶ 摸哨抓捕

作為一名特種兵，摸哨抓捕是經常要執行的任務，所

以，熟練掌握這方面的技能也是特種兵的基本功夫。

其實摸哨與抓捕是兩件事情，摸哨一般是在特定條件下去幹掉敵人；抓捕則是捕捉敵人，一般要的是活口，這是兩者的區別所在。

一、徒手捕俘

【技術應用1】

(1) 實戰中，我正面接近敵人（圖4-4-1）。

(2) 雙方即將錯身之際，我突然伸出左手抓住對方右手腕部，將其向上提起（圖4-4-2）。

圖 4-4-1

圖 4-4-2

(3) 繼而，身體重心前移，右腳上步，落腳於敵人右腿後方，別住其右腿，幾乎同時，身體左轉，揮舞右臂橫擊其脖頸（圖4-4-3）。

(4) 利用身體前衝的慣性，左手使勁向左後方拉扯敵人右臂，上下肢協同動作，瞬間將對方擊倒在地（圖4-4-4）。

(5) 對方仰面摔倒後，我可以用右手拳連續擊打其面部（圖4-4-5）。

(6) 旋即，左手用力內旋其右手手腕，俯身、右臂屈肘勾攬敵人右臂肘關節部位，迫使其臂肘彎曲（圖4-4-6）。

圖4-4-3

圖4-4-4

圖4-4-5

圖4-4-6

(7) 雙臂同時用力向右側提拉，迫使對方翻轉身體、臉面朝下趴伏於地，隨即邁右腿跨騎於敵人後背之上，徹底降服對手（圖4-4-7）。

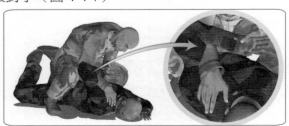
圖4-4-7

【技術要領】

摺倒對手是擒拿抓捕敵人的前提和關鍵，實施動作時，上下肢一定要配合協調，出手、上步、轉身，這一系列動作要聯貫、順暢，一氣呵成。右拳擊打敵人面部的目的是迫使放棄反抗的念頭，擊打的同時，左手切勿放鬆對其右臂的控制。騎乘於敵人後背時，右手向下扣壓其右肩，左手向上提拉其右腕，令其無法掙脫。

【技術應用 2】

(1) 我於敵人身後悄悄跟進，準備實施抓捕任務（圖4-4-8）。

(2) 靠近其後背時，突然將右臂向前伸出，屈肘圈攬住對方脖頸，左手配合右臂動作，攀拉住自己右手腕部（圖 4-4-9）。

圖 4-4-8　　　　　　　　圖 4-4-9

(3) 旋即，身體重心下沉、後移，雙手順勢用力向後下方拖帶，瞬間將對方拖倒在地（圖 4-4-10）。

(4) 由於我右臂的勒扼，敵人會感到窒息，勢必會不由自主地用雙手拉扯我右臂，尋求解脫。我迅速雙膝跪

地，身體順勢左轉，同時用左手抓住對方左手腕部，用力向左下方拉扯，令其手臂伸直，並以左側大腿位置抵頂其左臂肘關節外側，令其反關節受挫（圖4-4-11）。

圖 4-4-10

圖 4-4-11

(5) 動作不停，身體繼續左轉，我左側臀部著地，右臂夾緊對方脖頸，右肩內扣，藉助身體的轉動和向下的壓制力量，迫使對方俯身趴下，同時左手不要放鬆對其左臂的拉扯與控制（圖4-4-12）。

（6）在上體牢牢壓制主對方後背的前提下，身體向右翻轉，左腳向前擺動，

圖 4-4-12

右腳向後擺動，雙腿呈「人」字型撐開（圖 4-4-13）。

（7）繼而，移動重心，邁右腿騎乘於敵人後背之上，令其徹底屈服，束手就擒（圖 4-4-14）。

圖 4-4-13

【技術要領】

右臂圈攬住敵人脖頸時，一定要以右小臂尺骨為力點卡住其咽喉位置，造成其呼吸困難。將對方拖倒在地時，右肩頭要配合雙手動作向前抵

圖 4-4-14

頂敵人後腦，右腿膝蓋抵頂其後背，以針對其脖頸施加更大的壓力。左手拉扯對方左臂向左轉動身體時，上體配合向前俯身。當敵人處於俯身下趴狀態時，一定要用右側肋部與後背壓制住對方的後背，防止其翻滾逃脫。

二、合作捕俘

【技術應用 1】

(1) 我（左）與同伴（右）悄悄潛至敵人背後，分別站在他的左右側後方（圖 4-4-15）。

（2）實施抓捕時，我上步至敵人身體右側，與其平行。伸出右手抓住敵人右手，同時，伸出左手，由其右臂內側穿過，攬抓住其右大臂。我同伴位於敵人身體左側，與敵平行。在我實施動作的同時，用左手抓住敵人左手，同時伸出右手，尤其左臂內側穿過，攬抓住其左大臂（圖4-4-16）。

圖 4-4-15

圖 4-4-16

（3）我與同伴將敵人夾持其中，同時折腕提拉敵人雙手，將其兩小臂向上提起（圖4-4-17）。

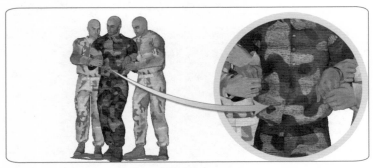

圖 4-4-17

(4) 我在右手牢牢控制住敵人右手的前提下，左手向前伸出，扣扳住對方右手，我的同伴則同時用右手扣扳住對方左手（圖 4-4-18）。

(5) 旋即，在我用左手牢牢控制住敵人右手那一刻，右手轉而抓控住敵人右肘尖部位。同伴與我作同樣的動作，這樣可以針對俘虜形成有力的控制，可以令其乖乖順從（圖 4-4-19）。

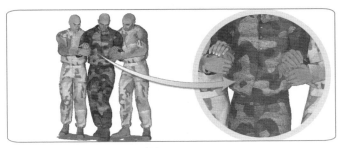

圖 4-4-18

圖 4-4-19

【技術要領】

我與同伴共同完成捕俘行動，成功的關鍵在於彼此配合協調，動作步調一致，相互呼應。

【技術應用2】

(1) 我（左）與同伴（右）由
正面逼近敵人，準備實施抓捕
（圖4-4-20）。

(2) 即將靠近敵人的瞬間，
我突然伸出右手抓住敵人左臂
手腕位置，並用力向外拉扯。
同伴則同時用左手抓住敵人右
臂手腕位置，並用力向外拉扯
（圖4-4-21）。

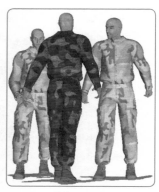

圖 4-4-20

(3) 幾乎同時，我左臂屈肘向前上方穿插擺動，自敵
人左側腋下穿過，挑起敵人左臂肘關節。同伴則用右手臂
向上挑起敵人右臂肘關節（圖4-4-22）。

圖 4-4-21

圖 4-4-22

(4) 旋即，我右腳上步，身體猛然左轉，在右手牢牢
扣抓住敵人右手腕的前提下，左臂用力向上提拉，迫使其
手臂背至身後。同伴與我實施同樣動作，兩人配合令敵人
俯身低頭（圖4-4-23）。

英國皇家特種部隊格鬥術 SAS 防暴制敵經典教範

(5) 動作不停，我左手用力向下壓制敵人左側肩頭，左手向上提拉其右手。同伴右手用力向下壓制敵人右側肩頭，右手向上提拉其左手（圖 4-4-24、圖 4-4-24A）。

圖 4-4-23

圖 4-4-24

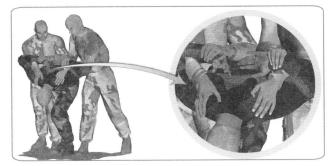

圖 4-4-24A

（6）在我與同伴徹底降服敵人之後，我可以將右手抽出，扣抓住敵人右手腕部，然後鬆開左手，用左手扣按住敵人右側肩頭（圖 4-4-25、圖 4-4-26）。

（7）進一步，同伴將左手抽出，扣抓住敵人左手腕部，然後鬆開右手，用右手扣按住敵人左側肩頭（圖 4-4-

27、圖 4-4-28）。我與同伴此時可以同時提拉敵人的雙手腕部，將其押解帶走。

圖 4-4-25

圖 4-4-26

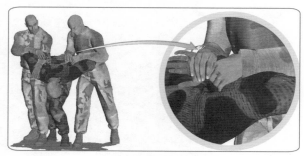

圖 4-4-27

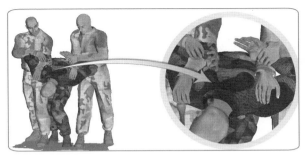

圖 4-4-28

【技術要領】

控制住敵人的手腕是非常重要的環節，一定要牢固，不能讓其鬆脫。尤其是在左右手互換時，動作要流暢，銜接自如，我與同伴要交替換手，不能同時進行。

三、持械摸哨

【技術應用 1】

(1) 我手持短刀悄悄摸至敵人身後，準備偷襲摸哨（圖4-4-29）。

(2) 靠近敵人的一刹那，突然抬起右手，揮舞短刀，以刀兵為力點橫向砸擊對方右側脖頸，可致使其大腦短暫昏迷，反應遲鈍（圖4-4-30）。

圖 4-4-29

圖 4-4-30

(3) 旋即，左手迅速由敵人頭部左側、自後向前伸至敵人面前，並屈肘用力搗住其嘴，幾乎同時，右手揮刀直刺其咽喉，予以致命一擊（圖 4-4-31、圖 4-4-32）。

圖 4-4-31

【技術要領】

用刀柄砸擊敵人側頸的目的是令其大腦瞬間暈厥，隨後要立即用一隻手搗住他的嘴巴，防止其發出呼救。用短刀刺擊其咽喉的意圖是割斷其氣管，達到徹底解決

圖 4-4-32

敵人目的。整個動作要求聯貫、協調，切勿拖泥帶水。

【技術應用 2】

(1) 我手持短刀悄悄摸至敵人身後，實施摸哨行動（圖 4-4-33）。

(2) 即將貼近敵人的瞬間，抬起左臂，左手自敵人頭部右側伸至其面前，然後猛然屈肘向後搗住其嘴部，令其無法發出聲音（圖 4-4-34）。

圖 4-4-33

圖 4-4-34

(3) 幾乎同時，右手揮舞短刀自上而下刺擊敵人脖頸，徹底解決敵人（圖 4-4-35、圖 4-4-36）。

圖 4-4-35

圖 4-4-36

【技術要領】

左手摀住敵人嘴巴的同時，左腳要配合上步，令對方的後背靠在自己的胸部和左肩處，以方便右手實施揮刀動作。

【技術應用3】

(1) 我手持短刀由敵人背後逼近，準備偷襲摸哨（圖4-4-37）。

(2) 貼近目標後，突然伸出左手，由敵人頭部左側、自後向前伸至敵人面前，並屈肘用力摀住其嘴，防止其發出呼救。幾乎同時，右手持短刀自下而上刺擊敵人後腰腎臟部位（圖4-4-38）。

圖 4-4-37

圖 4-4-38

(3) 動作不停，在敵人疼痛難忍而身體癱軟無力的瞬間，再揮舞短刀直刺其咽喉，徹底解決敵人（圖4-4-39）。

【技術要領】

左手摀住敵人嘴巴時，手臂要用力快速回拉，令其後腦貼靠在我左側肩頭上，破壞其身體重心的平衡，以便於實施進一步的攻擊與刺殺。

圖 4-4-39

四、以寡敵眾反抓捕

【技術應用 1】

(1) 實戰過程中，兩名敵人分別由兩側對我實施夾擊，甲敵用右手抓住我左手腕部，乙敵用左手抓住我右手腕部，兩人同時用力撕扯，欲對我進行擒捕（圖 4-4-40）

圖 4-4-40

(2) 此時我身體突然向左擰轉，右腿快速抬起，以右腿脛骨為力點隨勢向左側掃踢甲敵左側肋部，同時左臂屈肘，用力掙脫其擒拿（圖 4-4-41）

(3) 上動不停，身體再猛然向右側擰轉，右腿隨轉體向右側水平側

圖 4-4-41

177

踹乙敵腰腹部，力達腳跟，迫使其鬆脫左手（圖4-4-42）

(4) 緊接著，身體繼續右轉，右腳落地踏實，左腿隨勢屈膝抬起，以膝蓋為力點向上猛撞乙敵腹部，雙手配合下肢動作牢牢按住乙敵雙肩或者後背，令其遭受重創（圖4-4-43）

圖 4-4-42　　　　　　　　　圖 4-4-43

(5) 乙敵遭受連續打擊後，勢必疼痛難忍而蹲身，我可順勢俯身用雙手按住其上體，藉以穩定自身重心平衡，並迅速將左腿挺直，向身體後上方用力蹬出，以襲擊甲敵頭部、下頜，達到遏制其進一步攻擊的目的（圖4-4-44）。

圖 4-4-44

【技術要領】

右腿掃踢甲敵時，左臂一定要配合屈肘，掙脫束縛；右腿側踹動作要由身體的轉動帶動發力；左腿頂膝時，雙手一定要抓住對手上體，迫使其俯身；後蹬腿速度要快，出腿迅猛；整個動作過程中，要注意支撐腿站立需穩定、紮實，身體的左右擰轉要靈活自如；同時注意，格鬥過程中，眼神要左右顧及、洞察秋毫。

【技術應用 2】

(1) 實戰過程中，兩名敵人分別由前後對我實施夾擊，甲敵由背後用雙手環抱住我上身，欲將我摔倒，乙敵由正面逼近，用左手抓住我胸部衣襟，揮舞右拳欲對我頭部實施打擊（圖4-4-45）

圖 4-4-45

(2) 此時我迅速抬起左臂，以小臂外側為力點向左上方格擋乙敵右臂腕部，同時右臂屈肘、夾緊，以肘尖為力點向右後方猛撞甲敵胸口部位，迫使其放鬆對我的束縛（圖4-4-46）

(3) 緊接著，我右腳向前上步，身體猛然大幅左轉，左腳隨勢向後滑步，右肘隨身體轉動向前、向左水平橫掃乙敵胸、肋部位，力達肘尖（圖4-4-47）

圖 4-4-46　　　　　　　　　圖 4-4-47

(4) 繼而，在右肘橫掃結束後，左腿迅速抬起，以左腳前腳掌為力，向小左前方點踢甲敵襠腹部，以阻止其逼近（圖 4-4-48）

(5) 上動不停，左腳落步踏實，身體突然向右擰轉，右腿屈膝，左腿蹬直，左臂屈肘隨勢以左勾拳擊打乙敵下頜部位，令其徹底屈服（圖 4-4-49）。

圖 4-4-48　　　　　　　　　圖 4-4-49

【技術要領】

右臂後撞肘時，身體略微向右擰轉，以腰部的轉動帶動右肘發力擊打對手；轉身橫肘動作要迅速，步法要靈活，身體、上肢與步法要配合協調，步調一致；左勾拳在

擊打時，肘關節彎屈約成 90 度角，出拳時，左腳要蹬地助力，繼而借突然縮胸、收腹、轉體的爆發力，帶動拳頭自下而上運動，拳在運動過程中要始終保持 90 或者小於 90 的角度，否則難以聚集打擊力量。

【技術應用 3】

(1) 實戰過程中，兩名敵人分別由前後對我實施夾擊，甲敵由背後用雙手環抱住我上身、鎖扼我脖頸，對我實施擒捕，乙敵由正面發起進攻，揮舞雙拳欲擊打我上盤，形勢比較嚴峻（圖 4-4-50）

(2) 此刻，我需迅速用雙手抓住甲敵兩小臂，用力向下拉扯，以緩解其對我頸部的控制力度，同時上體略微後仰，右腿隨勢屈膝抬起，用力向前蹬踏乙敵胸腹部，阻止其向前逼近（圖 4-4-51）

圖 4-4-50　　　　　　　圖 4-4-51

(3) 緊接著，在乙敵被蹬倒在地的瞬間，我將右腳快速落地踏實，雙腿微屈，身體重心下沉，雙手牢牢抓住甲敵手臂（圖 4-4-52）

(4) 隨即，雙腿同時蹬地發力，彎腰、低頭，臀部用

力向後攧起，雙手同時向下方拉扯對手手臂，全身協同動作，將對手瞬間從肩上摔過（圖 4-4-53）

圖 4-4-52　　　　　　　　　　圖 4-4-53

(5) 我可以直接將其摔倒在乙敵身上，在甲敵倒地瞬間，迅速上步蹲身，右拳隨勢向下垂直擊打對手胸部，予以進一步實施打擊（圖 4-4-54）。

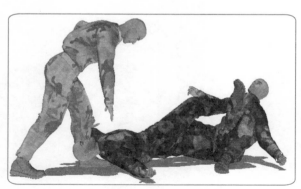

圖 4-4-54

【技術要領】

　　當頸部被鎖控時，一定要及時反應，雙手拉扯對方手臂非常關鍵，否則，頸部被控制的後果相當嚴重；過摔時

英國皇家特種部隊格鬥術 SAS 防暴制敵經典教範

身體儘量前俯，蹬地拱背，重心前下移，要以臀部為支點將對手撬起，周身合力完成動作；地面砸拳，動作要快，力達拳面；整個動作要求聯貫順暢，身手合一，急起直落，勢如破竹。

【技術應用 4】

(1) 實戰過程中，兩名敵人分別由兩側向我逼近，我雙臂不慎被其分別左右控制，處於劣勢（圖 4-4-55）

(2) 此刻，我身體猛然右轉，右腿屈膝抬起，隨勢向後撩踢乙敵襠部要害（圖 4-4-56）

圖 4-4-55

(3) 繼而，右腳落步踏實，身體再向左轉動，左腳隨勢抬起，向後撩踢甲敵襠部要害（圖 4-4-57）

(4) 連續的撩踢，以迫使對方急於防範要害，而放鬆對我上肢的控制與束縛。我乘機掙脫雙臂，雙手握拳同時外翻，以拳背為力點分別崩砸兩敵面門、鼻梁，予以重創（圖 4-4-58）。

圖 4-4-56

圖 4-4-57

圖 4-4-58

【技術要領】

左右兩次撩踢，以後腳跟力點，穩、準、狠，動作要聯貫，出其不意，瞬間掙脫對方的控制。雙拳的崩砸動作乾脆，勁力通透。

第**5**章

摔跤技術

摔跤技術是世界上任何格鬥體系都特別重視的一種基本技能，因為摔跤技術最適合於敵我雙方近身肉搏。實戰中，敵我雙方糾纏在一起，如果你能夠乾脆俐落地將對方摔倒在地，便取得了形式上的優勢，距離奪得勝算便拉近了一步。而且，真正的格鬥過程中，有很多打鬥是在地面展開的，摔倒對方無疑便成了展開地面打鬥的前奏。有了好的開端，你才能收穫好的結果。

成功地摔倒敵人，會為你進一步實施地面捶擊、降服奠定堅實的基礎。

第一節 ▶ 跌撲滾翻訓練

跌撲滾翻技術是各國特種部隊必修的基本訓練課程，其原因在於肉搏格鬥過程中摔倒是件非常司空見慣的事情，加強這方面的訓練力度，是有備無患的。

人在正常情況下，是不會無緣無故倒在地面上的。在格鬥過程中出現倒地現象無外乎有兩種原因，一是被動倒地，由於抵抗不過對手各種形式的攻擊，而導致身體重心失衡而摔倒；二是主動倒地，這往往是一種戰術上的需求，目的可能是為了迷惑對手，或者為了施展自己擅長的地面攻擊技術。

無論主動倒地還是被動倒地，在地面打鬥中都是同樣重要的，區別僅在於是否具有心理上的準備。

由於人類從一出生就開始學習如何站立、如何站穩，摔倒這種事情，就人的正常心理而言，接受起來是有一定難度的，尤其是被動摔倒，身體重心瞬間喪失平衡，對於一個沒有接受過專業訓練的人來說，所造成的傷害，絕不僅僅停留在肢體的碰撞創傷上面，同時也表現在對心理和信心的衝擊上。可能會導致你情緒上的巨大波動，激動、恐懼、屈辱、緊張，這種絕對不應該在格鬥過程中表現出來的心態，會讓你錯過戰機，或徹底喪失抵抗能力，一敗塗地。

　　被動摔倒的主要原因就是身體重心的平衡被對手破壞所致，如果你的格鬥技術足夠好，你可能會利用變換身形或者移動步法來化解危機，但你總有疏忽和失手的時候，因此，你必須正確面對被摔倒這一問題。

　　從技術角度講，人類有一種本能的反應，即在遭遇意外而摔倒時，會不由自主地伸出手臂去觸地支撐。這種下意識的動作，表面上是為了保護身體要害部位，避免與地面碰撞而造成創傷。但實際情況是，不科學的避險動作，往往會導致手掌、腕關節、肘關節、肩關節的挫傷、骨折或脫臼。

　　學會摔倒，抑或說掌握科學的摔倒方法，對於格鬥者在搏擊時進行有效的自我保護，以及順利地展開並淋漓盡致地施展地面打鬥技術，都是至關重要的。

　　我們經常可以看到雜技演員和體操運動員做出各種高難度的跌撲滾翻動作，而不會有任何傷害，原因就是他們充分掌握了這種緩衝技術。我們要想掌握這種緩衝技術，首先要完全拋棄我們原始的本能反應，並且透過不斷的學

習和訓練，將這種緩衝技術轉換成我們的本能反應。也就是說，在倒地瞬間，用一種緩衝技術來替換掉在摔倒時的本能反應。其實所謂科學的倒地方法，簡言之就是如何使用正確的動作來化解和緩衝因身體重心突然顛覆而產生的針對地面的巨大衝擊力。

學習倒地技術是學習摔跤以及後面章節中介紹地面打鬥技術的基礎，只有熟練地掌握正確的倒地方法，才可以在格鬥中占盡先機。

應該注意的是：倒地動作應該是在激烈的肢體對抗過程中自然產生的，而不是無中生有的，除非你有戰術上的需求，否則不要輕易主動倒地，因為選擇倒地，也就意味著你基本上放棄了逃跑。

一、向前撲倒的正確方法

向前撲倒是當背後受力向前跌倒時，防止身體正面撞擊地面遭受損傷，而採取的一種常用自我保護方法，適用於遭到背後偷襲等突發狀況，一般來不及屈腿、收腹、低頭。

【動作說明】

（1）自然站立，雙臂前平舉，面向正前方（圖 5-1-1）。

（2）撲倒時身體重心提高，軀幹充分挺直，兩腳前腳掌著地，上體前傾，倒地時雙膝伸直，屈臂，兩肘和手掌向前，屈肘平伸，用力推撐地面（圖 5-1-2）。

圖 5-1-1

【技術要領】

向前倒時應注
意腰要伸直，腹部
不要著地，注意保

圖 5-1-2

護下頜、胸部以及四肢關節。立姿前摔過程中，注意膝蓋
不能彎曲屈。重心前傾時，腳跟要配合提起。雙手前伸，
但不應僵直，而應該成弧狀，以便承受和緩解更多的「衝
力」，落地時應使手慢慢回收，以延長落地時間。

二、向後仰摔的正確方法

利用伸展開來的手臂和手掌來緩解和吸收向後摔倒時
產生的衝撞力，以後背堅實的肌肉接觸地面，可以有效地
保護自己免受傷害。

【動作說明】

(1) 由自然站立姿勢開
始（圖 5-1-3）。

(2) 身體重心下沉，雙
腿屈膝下蹲（圖 5-1-4）。

(3) 在雙腿即將全部蹲下
來的一剎那，上體立即向後
仰躺，右腳順勢向前伸展抬
起，左腳腳後跟提起，以腳
掌接觸地面、支撐整個身

圖 5-1-3　　　　圖 5-1-4

體，含胸收腹，弓背低頭，雙臂屈肘，自然護於胸前（圖
5-1-5）。

189

(4) 動作不停，上體繼續後仰，以後背著地，同時雙臂向身體兩側伸展，與軀幹成45度角，隨身體後倒分別向後下方體側拍撐地面，後背接觸地面瞬間，右腿自然上揚，臀髖向上提起，僅以後背、雙臂和雙手接觸地面、支撐身體（圖5-1-6）。

圖 5-1-5

(5) 旋即，在身體衝撞地面的力量得到緩解和釋放後，左腳迅速向後屈膝收攏，儘量靠近臀部，含胸勾頸，下巴內收，雙臂屈肘抱拳收護於胸前，雙拳掩護面門，嚴密守護上盤。同時，右腳腳尖勾起，腳底朝向前上方，擺出防禦姿態，蓄勢待發（圖5-1-7）。

圖 5-1-6

圖 5-1-7

【技術要領】

倒地瞬間，要注意低頭勾頸，下頜要儘量回收，牙齒要扣緊，這樣可以避免身體在觸地一剎那所產生的衝撞力給舌頭帶來損傷。而且一定要以背部承擔倒地動作所產生的力量，切忌後腦撞地。背部觸地瞬間，手臂自然伸直，用力拍打地面，以緩解和分擔背部著地的衝力。

注意拍擊地面時手臂與身體形成的度角一定要合適，過大過小都不正確。

三、側向跌倒的正確方法

身體向一側摔倒時，要充分利用一側肩背和手臂來緩解和吸收側摔時產生的衝撞力。向左、右兩側摔倒的技術都應該熟練掌握，因為實戰中你可能會向任何一側跌到。

【動作說明】

(1) 由自然站立姿勢開始（圖 5-1-8）。

(2) 身體重心下沉，下頜回收，上體向右側傾斜，同時右腳抬起，雖上體傾斜向左前方直膝擺動，左腿屈膝，左腳腳後跟提起，以腳掌接觸地面、支撐整個身體（圖 5-1-9）。

圖 5-1-8

(3) 動作不停，身體繼續側倒，以右側肩背著地，同時右臂向右側伸展，與軀幹成 45 度角，隨身體的傾倒而向下擺動，於身體右側拍撐地面，之後右側腰、髖、臀部依次接觸地面，左臂屈肘自然擺動（圖 5-1-10）。

(4) 繼而，在身體衝撞地面的力量得到緩解和釋放後，右腿自然著地、屈膝，右腳回收，儘量靠近

圖 5-1-9

191

臀部，右臂屈肘，以右小臂和右手接觸、扶撐地面。同時，含胸勾頸，下巴內收，左臂屈肘掩護上盤。腰部向左側彎曲，令上體和左側腰臀懸離地面，僅以右小臂和右腿、右側胯接觸地面、支撐身體，同時左腿一併屈膝大幅度向左上方擺動，帶動左腳揚起，腳尖勾起，嚴陣以待（圖5-1-11）。

圖 5-1-10

圖 5-1-11

【技術要領】

身體側摔時，一定要注意身體各部位著地的順序，首先是身體右側的肩背和手臂，然後是右側腰部、髖部、臀部，最後右腿自然著地，只有按此順次才能夠達到緩解衝撞力的作用。倒地時右腳要有意識地向上擺動，右腿不要與右側肩背同時觸及地面，而應該是慢半拍著地。

在身體衝撞地面所產生的力量被釋放和緩解的一瞬間，身體要立即形成防禦姿態。

四、向前翻滾的正確方法

向前翻滾是當背後受力向前跌倒時，為了防止身體正面撞擊地面遭受損傷，而採取的自我保護方法，類似體操運動中的前滾翻。

【動作說明】

(1) 由自然站立姿勢開始，身體重心略下沉（圖 5-1-12）。

(2) 雙腿屈膝，身體重心完全下沉，呈下蹲姿態後，用雙手十指扶撐身前地面（圖 5-1-13）。

圖 5-1-12　　　　　圖 5-1-13

(3) 旋即，身體重心向前移動，低頭俯身，同時雙腳蹬地，使身體向前翻滾，向前滾動（圖 5-1-14、圖 5-1-15）。

圖 5-1-14　　　　　　　圖 5-1-15

(4) 待雙腳翻轉朝天時，依次以肩、背、腰、臀接觸地面（圖 5-1-16）。

(5) 向前翻滾的動作不停，雙手抱住雙腿脛骨部位，以雙腳腳掌著地，繼而站立起來（圖 5-1-17、圖 5-1-18）。

【技術要領】

整個翻滾動作要流暢、自然，向前翻滾過程中，始終要低頭、含胸，切勿用後腦接觸地面。肩背接觸地面瞬間，雙手要迅速抱住雙腿脛骨部位，團身如球般滾動，方可將跌到的衝撞力化解掉。

圖 5-1-16　　　　　　圖 5-1-17　　　　　　圖 5-1-18

五、跌撲滾翻訓練要領

在進行摔跤技術的學習過程中，每天經受數十次、甚至上百次的被摔倒，是非常必要和常見的事情，在練習過程中，認真體會動作要領，只有真正掌握了如何在倒地瞬間、在空中控制自己的技術動作，尤其是在你體力明顯衰退、疲憊不堪的狀態下，安全倒地。之後，你才可以嘗試學習摔倒對手的技術。

在訓練時，必須始終保持身體的放鬆，才能將身體因重力作用，在觸及地面一瞬間所產生的巨大衝擊力儘量平均分配在肢體與地面碰撞的部位。只有徹底地放鬆，你的肢體才能更加協調，你才有可能最大限度地減少身體與地面衝擊所帶來的疼痛和創傷。如果你的身體過於僵硬、緊張，那你很難正確完成一個跌到動作，也就無法奢談有效

地實施倒地過程中的自我保護了。所以在學習摔跤技術時，要特別強調身體放鬆的針對性訓練，專家稱之為鬆弛訓練。其實在其他類別的站姿格鬥術學習過程中，鬆弛訓練也是非常重要、非常必要的。

注意呼吸在倒地動作中的作用。在身體接觸地面，或者即將觸及地面的一剎那，一定要呼氣，而不是吸氣，收緊下巴、閉嘴，用鼻子呼氣。你在進行倒地訓練時可以試著體會一下，如果你在倒地瞬間吸氣，你的身體就會變得僵硬，達不到放鬆目的，倒地後身體疼痛感就會明顯。在日常的訓練過程中要特別強調呼吸與動作的配合。

在倒地的瞬間，要學會在空中調整肢體，也就是提高動作的協調性。要知道你在使用哪種倒地技術時，手腳和肢體該如何調整，才能達到緩衝的目的。必須掌握正確、科學、合理的動作姿勢。否則，如果落地技術不合理、不規範，將會讓你接觸地面的肢體承受過多的衝擊力。

學習倒地技術要有一個過程，要由簡到難、由低到高，不能一開始就練習如何直挺挺地摔倒，應該按部就班、循序漸進。首先要從蹲姿或坐姿開始練起，由距離地面較近的姿勢開始練習，之後再過渡到由站姿倒地，這樣有助於消除心理上的恐懼感，避免不必要的創傷。

第二節 ▶ 常用的摔跤技術

英國皇家特種部隊日常訓練的摔跤技術，基本上是以柔道中的摔跤技術為基礎，通透過不斷地實踐、科學改良的一些更加實用的方法。它擯棄了傳統柔道中那些只有身

穿寬大道服在賽場墊子上才能運用的技法，保留了那些更加適合軍人在執行任務中、特殊情況下可以隨心運用的簡單有效的摔技。本章中給大家列舉的這些摔技都是特種部隊菁英們，在血與火的戰場上用生命為代價實踐、總結出來的，其實用價值毋庸置疑。

一、過肩背負摔

過肩背負摔在柔道中被稱之為背負投，顧名思義，就是將對手負在自己後背上，然後自肩膀側上方翻滾摔下的方法。

【技術應用】

(1) 實戰中，敵我雙方對峙，我用右手自對方左臂上方搶抓其手臂或者中袖部位（圖 5-2-1）。

圖 5-2-1

(2) 發動攻擊時，身體向右轉動，左腳向前上步，落腳於敵人左腳前方內側，同時右臂屈肘向右上方抬起，右手向右後方牽拉對方左臂，迫使對手身體向左前方移動，以破壞其重心的平衡，左臂隨轉體向對方左腋下伸展、穿插（圖 5-2-2）。

(3) 動作不停，右腳向右後方背步，落腳於對手右腳前方，身體一併繼續向右後方轉動，後背朝向對

圖 5-2-2

方，左臂屈肘向上攬住對方左臂根部，右手抓緊其左臂向右下方拉扯，雙腿屈膝下蹲，身體重心下沉，上體略前躬，令臀部鑽進對方襠內，以後背背負其對方身體（圖5-2-3）。

(4) 隨即，雙腳猛然蹬地發力，利用雙腿的彈力挺直膝蓋，上體俯身前傾，腰身向右擰轉，臀部用力向後上方支頂對手襠腹部。同時，右手用力向右下方牽拉對方左臂，左臂攬緊對方左臂配合右手向上、向右扛頂助力，周身動作協調，瞬間將對手由我左肩側上方摔至體前（圖5-2-4、圖5-2-5、圖5-2-6）。

圖 5-2-3

圖 5-2-4

圖 5-2-5

圖 5-2-6

【技術要領】

右手向上提拉對方左臂的動作是非常關鍵的，只有迫使其身體重心上提，才能達到背負其身軀的目的，切勿讓其彎曲雙膝、降低重心，否則不會有成功施展動作的機會。背步、轉體時，右手要始終拉扯住對方左臂，不能鬆懈，而且左臂要迅速穿插過對方的左腋下，隨即屈肘，牢牢攬控住對方左大臂，並用我左臂上方或者肩頭扛抵住其腋窩部位，要使對方的胸腹部貼近自己後背。

由於在整個動作過程中，我僅僅控制了對方的一條手臂，其活動範圍與迴旋餘地較大，因此在施展動作時，一定要上下肢配合協調，力求動作聯貫、迅猛、一氣呵成。

二、過肩扛摔

過肩扛摔是利用身體突然的下潛、將對手橫扛在自己肩上，然後，再起立向左前方或者右前方將其投摔出去的技法。這種技法在對付那些比自己身材高大的對手時，效果甚佳。

【技術應用】

(1) 雙方以左前勢站姿對峙，我首先發動攻擊，右手搶抓對方左臂或者中袖外側（圖 5-2-7）。

(2) 在右手控制住對方左臂的瞬間，身體向右轉動，左腳順勢向前上步，落腳於對方雙腿之間。同時右手腕關節內旋、向右上方拉扯，

圖 5-2-7

迫使對方身體重心向右前方移動（圖 5-2-8）。

(3) 動作不停，右腳跟進半步，身體繼續右轉，重心下沉，雙腿屈膝下蹲，左臂自對方襠下穿插而過、屈肘向前攬抱住其左大腿部位，頭部潛入到對方左側腋下，後腦貼近對方左側腰肋位置，左肩抵頂住對方襠腹部，同時右手向右下方牽拉對方左臂，迫使對方俯身將胸腹部趴伏於我肩背上方（圖 5-2-9）。

圖 5-2-8

圖 5-2-9

(4) 隨即，雙臂收攏，雙腳蹬地，雙膝挺直，周身協調動作、站直身體將對方扛起於肩背之上（圖 5-2-10、圖 5-2-11）。繼而，上體向右側傾斜，腰部向左側翻轉，以左肩向上扛頂對方襠腹部，右手向左下方牽拉對方左臂，左手配合右手向上掀送對方左腿，瞬間將對手由肩頭掀翻下去，摔於身體右前方（圖 5-2-12、圖 5-2-13）。

【技術要領】

儘量利用右手的牽拉力量使對手身體失去平衡而傾

199

斜，順勢蹲身，蹲身時要有意識地將肩膀插入到對方襠內，使對方的大腿緊挨著自己的身體。雙腿下蹲時，要注意不能過於彎腰，避免身體前傾，否則蹲得過死，很難再挺膝站起，也容易破壞自身重心的平穩，導致跌到，最好使自己的身體保持一種向後仰彎的感覺。右手牽扯著對方的左臂，開始時是向右上方拉扯，之後過渡到向左下方用力，同時要注意與左臂動作配合協調。

如果你只用左手和左肩的力量，而右手沒有正確的牽拉動作，你是很難扛起對手並輕易將其投摔出去的。

圖 5-2-10

圖 5-2-11

圖 5-2-12

圖 5-2-13

三、擒雙腿摔

擒雙腿摔是一種由對手正面出擊，突然用雙手摟抱住對手的下肢，並用力向回提拉，瞬間將其仰面掀翻在地的投摔技術。

【技術應用】

(1) 雙方以正自然站姿對峙（圖 5-2-14）。

(2) 在對手尚未發動攻擊時，我突然屈膝降低身體重心，右腳快速向前上步，落腳於對手兩腿之間。同時雙臂屈肘由對方雙腿外側摟抱住其雙腿膝窩上方，頭部順勢潛入對手右側腋下，頸部右側貼近對手腰部右側，右肩頭抵住對方小腹（圖 5-2-15）。

(3) 隨即，左腳向前跟進一步，雙腳並行，雙腿屈膝，以調整穩定身體的重心平衡（圖 5-2-16）。

(4) 繼而，利用身體前衝的衝撞力，雙手用力向後上方提拉對方雙腿，迫使對方雙腳脫離地面、懸空而起（圖 5-2-17）。

圖 5-2-14　　　　　圖 5-2-15　　　　　圖 5-2-16

(5) 動作不停，雙腳蹬地，雙膝挺直發力，上體前俯，以右肩用力向前頂送對方軀體，雙手繼續向後上方提拉，徹底破壞其身體重心的平衡，周身協調動作瞬間可將對手仰面掀翻在地（圖 5-2-18、圖 5-2-19）。

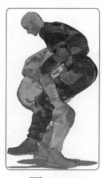

圖 5-2-17　　　　　圖 5-2-18　　　　　圖 5-2-19

【技術要領】

要充分利用快速上步、身體前衝的衝撞力和雙手向後上方的摟抱、提拉之力量，上下兩股力量協調配合、交錯發力。雙手環抱住對方雙腿時，要牢牢抓住其大腿內側，雙臂要用力向懷中攬抱，身體要儘量與對方貼緊。

四、過腰摔

過腰摔技術是用一隻手牽引對方的一條手臂，在破壞其身體重心平衡的同時，另一條手臂控制住對方的脖頸，然後橫腰進身，迫使對方將身體貼靠在自己腰上，旋即，再配合雙手及身體旋轉的力量將對手摔至體前的技法。

【技術應用】

(1) 雙方交手，互相撕扯，我用右手搶抓住對方左臂

或者中袖外側，左臂屈肘攬住對方脖頸，左手抓住其後衣領或者左側肩頭（圖5-2-20）。

(2) 發動攻擊時，左腳快速向前上步，填腰進胯，上體逼近對方，右臂屈肘向右上方抬起，右手內旋牽拉對方左臂，迫使對方身體向左前方傾斜（圖5-2-21）。

(3) 隨即，身體向右轉動，右腳向後背步，落腳於對手右腳前方，以腳掌著地，雙腿屈膝半蹲，沉腰、降低身體重心，左側腰胯部位抵頂對方襠腹部（圖5-2-22）。

圖 5-2-20　　　　圖 5-2-21　　　　圖 5-2-22

(4) 動作不停，身體繼續向右轉動，令後背朝向對手，雙腿半蹲，臀部貼近對手小腹部，右手牽拉對方左臂，使勁向自己右腰側拉扯，左臂夾緊對方脖頸，配合右手運動方向一併發力，迫使其身體重心向右前方傾斜（圖5-2-23）。

(5) 繼而，雙腳蹬地、挺膝，臀部支頂對方小腹，上體前躬，周身協調發力將對方身軀提離地面、背在自己腰背之上（圖5-2-24）。

圖 5-2-23   圖 5-2-24

（6）旋即，利用躬身、提腰、轉體的動作，以腰部左側為支點，瞬間將對手大幅度地投摔至身體左前方（圖5-2-25、圖5-2-26）。

圖 5-2-25   圖 5-2-26

【技術要領】

實施投摔時左臂一定要牢牢控制住對方的脖頸，身體要略向右轉，將對方的軀體摔向我身體左前方，這樣才能夠保證自己身體的平衡穩定。

五、掃腰摔

掃腰摔是在破壞對方身體平衡的前提下，插步進胯，然後以一條腿支撐身體重心，用另一條腿向後上方撩掃對方支撐身體重心的腿，以腰部為支點摺倒對方的技法。

【技術應用】

(1) 雙方以正自然站姿對峙，我率先用左手抓住對方右臂或者中袖外側，右手抓住其後衣領（圖 5-2-27）。

(2) 發動攻擊時，右腳向前上步，落腳於對方兩腳間，身體微左轉，左臂屈肘向左上方抬起，左手內旋牽拉對方右臂，右手配合左手用力，向同一方向拉扯對方後領，迫使其身體重心向右前上方移動（圖 5-2-28）。

圖 5-2-27　　　　　　　　圖 5-2-28

(3) 隨即，身體繼續左轉，填腰進胯，上體逼近對方，左腳順勢向後背步，落腳於對手左腳前方，以腳掌著地，雙腿屈膝半蹲，沉腰、降低身體重心，右側腰胯部位正對對方襠腹部（圖 5-2-29）。

(4)動作不停，身體繼續向左轉動，雙腿半蹲，右後腰與臀部貼近對手小腹部，左手牽拉對方右臂使勁向自己左腰側拉扯，右臂夾緊對方脖頸，配合左手運動方向一併發力，迫使其身體重心向右前方傾斜、浮起（圖 5-2-30）。

圖 5-2-29

圖 5-2-30

(5)緊接著，在上肢牢牢牽拉對方上體的基礎上，右腿伸出至對方右腿外側，大腿後部貼緊其右大腿前部，同時身體重心移至左腿，形成左腿單腿支撐身體狀態（圖 5-2-31、圖 5-2-31A）。

圖 5-2-31

圖 5-2-31A

（6）旋即，右腿直腿橫向朝右後方撩掃對方右小腿外側，上體向左側前躬身旋轉，以右側腰胯和大腿部位為支點，瞬間將對手大幅度地投摔至身體右前方（圖 5-2-32、圖 5-2-33）。

圖 5-2-32　　　　　　　　　圖 5-2-33

【技術要領】

右腳上步時，幅度不宜過大，轉身進胯時，腰臀部不要插入過深，貼住對方腹部即可，否則不利於右腿的啟動。腰的作用是在對方身體重心向右偏移時將其浮起來，然後再利用右腿撩舉對方的右腿，徹底破壞其重心的平衡。左手在一開始時是向左側或者左上方拉扯，在轉體填腰時則要向左下方用力，利用拉扯的力量儘量使對方的身軀倒貼在自己腰上，自己腰部及身體右側與對手上體合嚴。右腿向右後方撩挑時，左腿膝蓋不要過於挺直，應略微彎曲，以保持自身重心的平衡。

六、內割摔

內割摔是在雙方正面發生衝突時，將一條腿突入對方

兩腿之間，然後由內向外屈膝、以小腿纏掛對方的一條腿，或者向後劃打、撩掃，以徹底破壞其身體重心的平穩，從而將其仰面摔倒的方法。

【技術應用】

(1) 雙方以自然站姿對峙，我率先用左手抓住對方右臂或者中袖外側，右手搶抓對方右側胸襟（圖5-2-34）。

(2) 發動攻擊時，左腳向前上步，落腳於對方兩腳間，左臂屈肘向斜上方抬起，左手內旋牽拉對方右臂，右手配合左手用力向對方右上方提拉、推揉對方胸襟，迫使其身體重心落在兩腳腳後跟上（圖5-2-35）。

圖5-2-34　　　　　　　圖5-2-35

(3) 隨即，腰胯向右擰轉，雙臂用力拉扯對方上體，令自己上體逼近、衝撞對方上體，彼此胸部貼緊，右腳順勢向後背步，落腳於對手右腳前方，以腳掌著地，雙腿屈膝半蹲，沉腰、降低身體重心，左側腰胯部位正對對方襠腹部（圖5-2-36）。

(4) 緊接著，右腳踏實，身體重心落
於右腳，左腳抬起快速插入對方兩腿之
間，旋即，由對方兩腿間向左後方劃撥
對方的左腿，劃撥的同時，屈膝、回收
自己的小腿，將對方的左腿疊加或者勾
在自己大小腿之間（圖 5-2-37）。

圖 5-2-36

(5) 在左腿劃撥對方下盤的一刹那，
腰胯猛然向左轉動，身體重心前衝，雙
臂用力向前推送對方上體，瞬間令其身
體重心失衡，仰面摔倒於我面前（圖
5-2-38）。

圖 5-2-37

圖 5-2-38

【技術要領】

這種技法成功的一個前提是首先將對方的身體重心調
整到他的雙腳腳後跟上，所以上肢的拉扯與上體的衝撞是
非常必要的，如果上體不能貼緊對方的身軀，容易被其反
攻。所以，雙手抓把要迅速準確，腳步跟進要靈活敏捷，
動作聯貫協調，看起來像是在跑動中進行攻擊。左腳向前

209

穿插突入對方襠內時，身體要以側位和對方形成直角，左腳不要插入過深，先以腳跟進入，當屈膝向後劃撥、勾掛對方左腿時，應以腳尖輕輕劃過地面。

同時，左腳在整個滑動和撥打過程中，不宜起腿過高，應該是向左後下方沿弧形路線撥打，而非朝後上方發力，腰部必須配合降低，才能正確運用腰胯擰轉動作來增加左腿劃撥的力度。

七、外割摔

外割摔是在迫使對手身體重心向其一側後方傾斜時，由其身後用一條腿向斜後方切別對方那條承重腿，導致其仰面後摔跌倒的方法。

【技術應用】

(1) 雙方以自然站姿對峙，我率先用左手抓住對方右臂或者中袖外側，右手搶抓對方右側胸襟（圖 5-2-39）。

(2) 發動攻擊時，左腳向對方右腳外側上步，同時左臂屈肘向左側上方抬起，左手內旋牽拉對方右臂，右手配合左手用力向同

圖 5-2-39

一方向推揉對方胸襟，迫使其身體重心向右側移動（圖 5-2-40）。

(3) 隨即，我身體重心向左前方移動，以左腿獨立支撐身體，右腿順勢經自己左腿與對方右腿間空隙向前擺動

抬起，同時雙臂收攏、拉緊，使自己的上體前衝、貼緊對方上體，令其身體向右後方傾斜（圖 5-2-41）。

(4) 動作不停，左腳蹬地、挺膝，右腿再猛然向後劃弧迴蕩，割掛、切別對方後腿，上體前躬，同時左手向自己左腰側拉扯對方右臂，右手推揉其胸部，雙手猶如逆時針扳轉方向盤，迫使其身體重心失衡而仰面跌到（圖 5-2-42、圖 5-2-43、圖 5-2-44）。

圖 5-2-40

圖 5-2-41

圖 5-2-42

圖 5-2-43

圖 5-2-44

【技術要領】

左手的拉扯與右手的推揉及左腿的上步動作要同時進

211

行、協調一致，全力將對方的重心擠到其右腿之上，這是發動攻擊的準備條件，不容忽視。左腳上步要落腳於對方右腳外側，但不要離的太遠，身體右側儘量與對方身體右側貼緊，如果上體貼靠不緊，容易遭到對方的反擊。

右腿向後割掛時，彷彿一個鐘擺向後迴蕩一般，要以右腳尖貼著地面向後快速運動，不要抬得過高，否則打擊力度不夠，同時左腳配合蹬地，利用挺膝的彈力，輔助發力。左腿膝蓋挺直，但不要僵直，而要略微彎曲，以保持自身身體的平衡。同時左腳腳尖一定要內扣，以防止彎腰躬身時重心不穩。

八、過身蹬摔

過身蹬摔是典型的拋摔技法，這種技法在實施時，主要是利用自身重心向後傾倒的主動仰躺倒地手段，迫使對手失去平衡而前撲，並用一隻腳蹬抵對方腹部，將其蹬舉起來，然後，藉助向後滾動的慣性將其軀體經自己頭頂上方掀拋而出的方法。

【技術應用】

(1) 雙方交手互相拉扯，我率先用左手抓住對方右臂或者中袖外側，右手搶抓對方右側胸襟（圖 5-2-45）。

(2) 發動攻擊時，左腳稍向後退步，誘使對手向前移動，如果對方不向前邁步，則

圖 5-2-45

我左腳向前邁進半步，雙手用力向自己方向拉扯對方上體，迫使對方身體重心向前移動、傾斜（圖5-2-46）。

圖 5-2-46

(3) 對方出於本能會向後掙脫，我迅速縮腰、降低身體重心、後仰，左腿彎曲，右腳抬起，以腳掌為力點向前上方蹬踏住對方小腹部，雙臂收攏、拉緊對方上體（圖5-2-47）。

圖 5-2-47

(4) 動作不停，雙手向自己方向拉扯對方上體的同時，藉助身體後倒之勢，右腳猛然用力蹬出，瞬間將對手由我頭部上方掀翻過去（圖5-2-48、圖5-2-49）。

(5) 在敵人後背著地的瞬間，我的身體隨之後滾翻，順勢騎

圖 5-2-48

乘於敵人身上，取得
優勢後可以進行猛烈
的捶擊（圖 5-2-50、
圖 5-2-51）。

圖 5-2-49

【技術要領】

在降低身體重心
向後倒地時，臀、
腰、背要依次向後滾
動著地，注意不要造
成自我損傷。臀部應
貼近自己左腳腳後跟
處著地。當左腳上步
後，要立即將身體重
心移至左腳之上，這
樣會使後倒與蹬腿動
作順暢聯貫，同時雙
手拉緊，避免對方逃
脫。右腳蹬踏的部位
應該準確，正確的著
力點應該是對手的腹
部，而不是胸部。

圖 5-2-50

圖 5-2-51

第 6 章
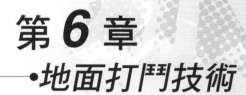
•地面打鬥技術

⭐ 與敵人在地面上展開翻滾打鬥是戰場上經常出現的一幕鏡頭。事實上，許多格鬥最終的確是結束在地面上的，而且倒地後的那一時段，正是整個格鬥的生死攸關階段。發生在地面上的格鬥較站立姿態下的格鬥，發生的機率更高，更加原始、野蠻、無序，也更具破壞力。

在你死我活的戰場上，無論你是否願意進入地面打鬥階段，有時候我們是自己不能左右所處的環境的，而有的時候展開地面打鬥正是取得勝利的需要。地面打鬥技術因其鮮明的現實意義，而逐漸被世界各國特種部隊列為格鬥訓練不可或缺的重要課程。

第一節 ▶ 對倒地者展開攻擊

在這一節裡，我們與你的敵人換一個角度，假設你是被動的一方，你是那個被虐者，這樣有助於你深入理解我們講解的內容。

當你不慎被摔倒在地時，你會很自然地要面對敵人的進一步打擊。那麼，在你躺在地面而對方居高臨下站立的勢態下，都會遭受哪些形式的打擊呢？在學習更高難的地面打鬥技術之前，你必須首先瞭解一些這方面的知識，才能有備無患，從容應對。

當然，格鬥是雙方進行的，攻守是隨時轉換的，在你深入瞭解了本節介紹的相關知識後，便也同時掌握了如何

在站立狀態下攻擊倒在地面上的敵人的技術了。你可以使用相同的手段來對付被你摔倒的對手。

一、站立踢擊

當你躺在地面時，對手最常用的攻擊方法就是用腿腳針對你身體要害部位進行攻擊，因為此時他的腳距離你的身體最近，發力會更自然，攻擊會更有力。當然，對方偶爾也會放低姿態，降低重心，使用肘尖和拳頭實施攻擊。總的來說，站立者使用腿腳來襲擊跌倒者是最經濟、最實惠，也最有效的方法。

如果躺在地面上遭受了對手的一擊重踢，往往會比站立時所造成的創傷更加巨大，輕則導致傷殘，重則生命受到威脅。因此，面對這種被動局面，你的精神和肉體都必須要緊張起來、重視起來，才有可能轉敗為勝、化險為夷。

【動作說明】

(1) 攻擊目標橫於我身前地面上，我略俯身低頭，目視目標（圖 6-1-1）。

(2) 發動攻擊時，身體重心突然向前移動，右腳抬起，隨勢向前擺動，以腳尖為力點踢擊目標（圖 6-1-2）。踢擊動作結束後，右腳迅速向身後落步，擺出格鬥姿勢。

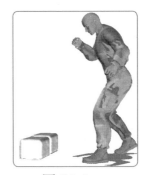

【技術應用】

(1) 當敵人趴伏於地面時，我可

圖 6-1-1

217

以接近其頭部位置，突然起腿用右腳踢擊其頭部左側太陽穴部位（圖 6-1-3、圖 6-1-4）。

圖 6-1-2

圖 6-1-3

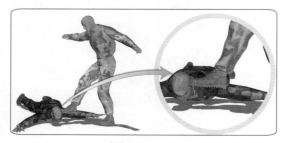

圖 6-1-4

(2) 當敵人側躺於地面時，我可以接近其頭部位置，突然起腿用右腳踢擊其面門，可致其鼻口躥血（圖 6-1-5、圖 6-1-6）。

(3) 當敵人仰躺於地面時，我可以於接近其頭部位置，突然起腿用右腳踢擊其下巴腮幫（圖 6-1-7、圖 6-1-8）。

(4) 當敵人趴伏於地面時，我可以接近其腰部位置，突然起腿用右腳踢擊其腰部側肋（圖 6-1-9、圖 6-1-10）。

(5) 當敵人側躺於地面時，我可以近其身前，突然起腿用右腳踢擊其腹部（圖 6-1-11、圖 6-1-12）。

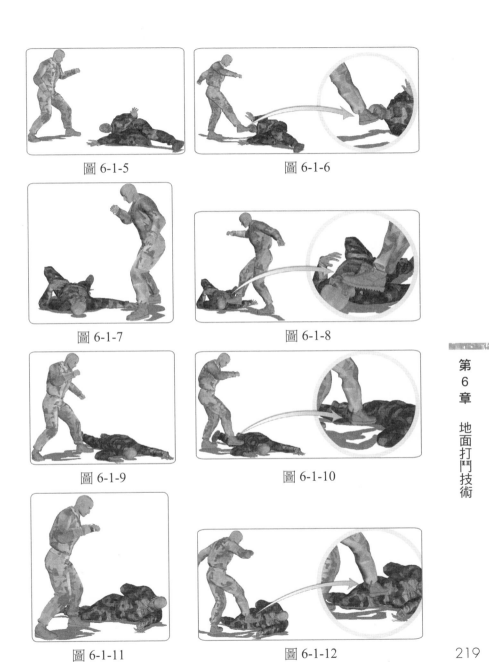

圖 6-1-5

圖 6-1-6

圖 6-1-7

圖 6-1-8

圖 6-1-9

圖 6-1-10

圖 6-1-11

圖 6-1-12

【技術要領】

這種踢擊動作主要是靠腿腳向前的擺動發力，類似於足球運動員起腿發球，出腿動作要快。支撐腿膝蓋略微彎曲，注意保持身體重心的穩定。

二、站立踩踏

踩踏這種攻擊動作在站立格鬥體系裡是很難見到的，只有當格鬥雙方中一人倒地後，才可以用這樣的手段對付他。踩踏雖然不如踢擊威力巨大，但是，在攻擊倒地敵人時卻不失是一種比較行之有效的制勝手段，攻擊的目標也非常廣泛。

【動作說明】

(1) 攻擊目標橫於我身前地面上，我略俯身低頭，目視目標（圖 6-1-13）。

(2) 發動攻擊時，身體重心突然向前移動，右腳抬起，置於攻擊目標正上方（圖 6-1-14）。

(3) 旋即，右腳用力垂直向下踩踏，以腳底與腳跟為

圖 6-1-13

圖 6-1-14

圖 6-1-15

力點攻擊目標（圖 6-1-15）。攻擊動作結束後，右腳迅速
向身後落步，擺出格鬥姿勢。

【技術應用】

(1) 當敵人仰躺於地面時，我可以接近其頭部位置，
突然抬起右腳用力向下踩踏其面頰（圖 6-1-16、圖 6-1-
17）。

圖 6-1-16　　　　　　　圖 6-1-17

(2) 當敵人側躺於地面時，我可以接近其頭部位置，
突然抬起右腳用力向下踩踏其太陽穴（圖 6-1-18、圖 6-1-
19）。

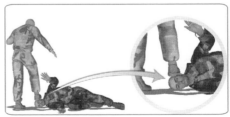

圖 6-1-18　　　　　　　圖 6-1-19

(3) 當敵人趴伏於地面時，我可以接近其頭部位置，
突然抬起右腳，用力向下踩踏其後脖頸（圖 6-1-20、圖

221

6-1-21）。

(4) 當敵人趴伏於地面時，我可以接近其腰部位置，突然抬起右腳用力向下踩踏其後腰（圖 6-1-22、圖 6-1-23）。

圖 6-1-20

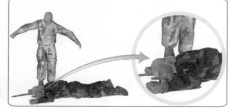

圖 6-1-21

圖 6-1-22

圖 6-1-23

(5) 當敵人趴伏於地面時，我可以接近其身體一側，突然抬起右腳用力向下踩踏其一側肩胛部位（圖 6-1-24、圖 6-1-25）。

圖 6-1-24

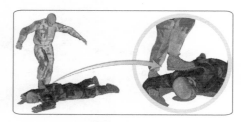

圖 6-1-25

（6）當敵人仰躺於地面時，我可以接近其身體一側，突然抬起右腳用力向下踩踏其胸部（圖 6-1-26、圖 6-1-27）。

圖 6-1-26　　　　　　　　　　圖 6-1-27

（7）當敵人仰躺於地面時，我可以接近其腰胯位置，突然抬起左腳用力向下踩踏其襠腹部（圖 6-1-28、圖 6-1-29）。

圖 6-1-28　　　　　　　　　　圖 6-1-29

（8））當敵人趴伏於地面時，我可以接近其身體一側，突然抬起右腳用力向下踩踏其一側手臂肘關節（圖 6-1-30、圖 6-1-31）。

（9）當敵人仰躺於地面時，我可以接近其頭部位置，突然抬起左腳用力向下踩踏其一側手臂腕關節（圖

223

6-1-32、圖 6-1-33）。

（10）當敵人趴伏於地面時，我可以接近其手部位置，突然抬起右腳用力向下踩踏其一側手掌掌指（圖 6-1-34、圖 6-1-35）。

圖 6-1-30

圖 6-1-31

圖 6-1-32

圖 6-1-33

圖 6-1-34

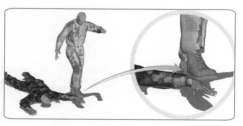

圖 6-1-35

（11）當敵人仰躺於地面時，我可以接近其腿部位置，突然抬起右腳用力向下踩踏其一條腿的膝關節正面膝蓋部位（圖6-1-36、圖6-1-37）；也可以在敵人趴伏於地面時，用右腳向下踩踏其一條腿的膝關節後方膝窩部位（圖6-1-38、圖6-1-39）。

圖 6-1-36　　　　　　　　圖 6-1-37

圖 6-1-38　　　　　　　　圖 6-1-39

（12）當敵人趴伏於地面時，我可以接近其腳部位置，突然抬起右腳用力向下踩踏其一條腿的腳踝關節後側（圖6-1-40、圖6-1-41）；也可以在敵人側臥於地面時，用左腳向下踩踏其一條腿的腳踝關節內側（圖6-1-42、圖6-1-43）。

圖 6-1-40

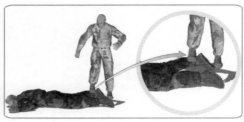

圖 6-1-41

圖 6-1-42

圖 6-1-43

【技術要領】

踩踏是將腳抬起然後再垂直向下或者斜向前下方用力落腳的方法，著力點主要集中在腳掌的後半部分或者腳後跟。在具體運用時，要注意將身體的重心瞬間向下釋放，利用體重來增加攻擊力度。同時，要注意腳抬起的高度要適中，過低會影響踩踏的力度，過高會導致身體重心不穩定。

第二節 ▶ 倒地狀態下的最佳防禦姿勢

當被敵人摔倒後，你所處的局面是非常被動的，要迅速扭轉局面，保持冷靜，立即擺出一種對自己有利的優勢的姿態。

這裡介紹兩種倒地瞬間擺出的最佳防禦姿勢，這兩種姿勢主要是用來防禦處於站立姿態的進攻對手。

一、後背著地防禦姿勢

　　後背著地摔倒的一瞬間，迅速抬起頭和雙肩，含胸勾頸，下巴內收，雙臂屈肘收護於胸前，雙拳掩護面門，嚴密守護上盤。右腿屈膝回撤，儘量靠近臀部，以右腳蹬地，帶動髖胯上提，令臀部與後腰脫離地面，僅以後背和右腳接觸地面、支撐身體。

　　同時，左腿一併屈膝大幅度向上擺動，令膝蓋儘量靠近前胸，帶動左腳揚起，腳尖勾起，使腳底朝向敵人，蓄勢待發，隨時準備挺膝蹬出（圖6-2-1、圖6-2-2）。

　　也可以將右腿抬起，以右腳示人（圖6-2-3），至於是抬起左腿還是右腿，因人而異，個人習慣不同而已，儘量用自己有力的腳為好。

圖 6-2-1　　　　　圖 6-2-2　　　　　圖 6-2-3

　　在無法立即站起來的情況下，當敵人不斷逼近，準備繞行至我身體側面針對我頭部和上體要害部位發動攻擊時，我可以採用這種後背著地的姿態有效地進行防禦，不斷地、輪番交替地抬起一隻腳朝對方蹬踢，阻遏其前進的同時，用另一隻腳蹬踏地面，推動身軀快速向後移動（圖

6-2-4、圖 6-2-5、圖 6-2-6）。後退躲避過程中，也可以逐步挪身，用雙手輔助移動（圖 C6-2-7）。

圖 6-2-4

圖 6-2-5

圖 6-2-6

圖 6-2-7

二、側身著地防禦姿勢

當身體向左側摔倒時，左腿迅速屈膝，左腳回收，儘量靠近臀部，左臂屈肘，以左小臂和左手接觸、扶撐地面。同時，含胸勾頸，下巴內收，右臂屈肘掩護上盤。腰部向右側彎曲，令上體和右側腰臀懸離地面，僅以左小臂、左腿和左側胯著地支撐身體，同時右腿一併屈膝大幅度向右上方擺動，令膝蓋儘量靠近右側前胸，帶動右腳揚起，腳尖勾起，使腳底朝向敵人，嚴陣以待，隨時準備展膝蹬出（圖 6-2-8）。

同樣，在身體向右側摔倒時，也可以用右小臂和右腿、右側胯著地支撐身體，將左腿抬起，以左腳示人，動作要領是相同的，唯方向相反而已（圖 6-2-9）。

圖 6-2-8

圖 6-2-9

在實際運用時，如果對方意圖接近並準備繞行至我身體側面，針對我頭部和上體要害部位發動攻擊時，我也可以根據對方前進的方向不斷翻轉身體，調整姿態，朝不同方向輪番抬起左右腳，從而達到有效防禦敵人攻擊之目的（圖 6-2-10、圖 6-2-11、圖 6-2-12）。

圖 6-2-10

圖 6-2-11

圖 6-2-12

以上這兩種姿勢的共同特點是上體遠離對手腿腳，尤其是頭部，儘量將腿腳面對敵人。

三、倒地後及時站起的方法

倒地後要及時想辦法重新站立起來，即便你是一名地面纏鬥的高手，這也是唯一正確的選擇，除非萬不得已，不要留戀地面打鬥。因為在地面上肉搏，並不是一件輕鬆的事情。

站起來的動作要選擇好時機，當你距離對方較近時，不要試圖馬上起身，否則你在起身過程中很容易將身體要害部位暴露給敵人，在遭受到對方兇狠腿腳攻擊時，會措手不及、手忙腳亂。

正確的時機應該是你與對方拉開一定距離後（圖 6-2-13），腰腹突然收緊，身體重心向上提起，上體前探略左轉，左臂隨勢向左後方伸展，以左手手掌扶撐地面，同時右腿屈膝，右腳蹬踏地面，令身體懸起，左腿自然伸展，右臂屈肘護住頭部（圖 6-2-14）。

圖 6-2-13

緊接著，身體重心向前移動，上體繼續向前過渡，左腿向左後方擺動，

圖 6-2-14

英國皇家特種部隊格鬥術 SAS 防暴制敵經典教範

以左腳和左腿膝蓋接觸地面，右腳蹬踏地面，左手輔助推撐地面，身體呈單腿跪地姿態（圖 6-2-15）。

旋即，雙腳蹬地，身體重心向上提起，迅速站立起身，並雙拳護胸，擺出站立防禦姿勢（圖 6-2-16）。整個動作過程中，頭部要始終抬起，目視對手，觀察其一舉一動。

圖 6-2-15

圖 6-2-16

第三節 ▶ 倒地狀態下的反擊技術

倒地狀態下針對站立的對手進行防禦的最好手段就是使用腿法進行反擊，以達到遏制對手進攻勢頭之目的。常用的腿法包括地面前蹬腿、地面鞭掃腿、地面側踹腿。

一、地面前蹬腿

【技術應用 1】

(1) 在我摔倒的瞬間，以後背著地，抬起左腿，以左腳朝向對手，迅速擺出有效的防禦姿勢（圖 6-3-1）。

圖 6-3-1

（2）當敵人由正面上步逼近我的時候，我左腿猛然伸展挺膝，左腳迅速向前蹬出，以腳底和腳後跟為力點襲擊對手前腿膝蓋或者脛骨部位，以達到遏制對方進攻勢頭的效果（圖6-3-2）。

攻擊動作結束後，左腿迅速屈膝收回，還原成起始姿勢，保持警戒狀態，或者再次連續出擊。

圖 6-3-2

【技術要領】

針對敵人膝關節的踹擊，雖然不能制敵於死敵，但是可以有效地抑制對方的活動能力，令其行動不便，難以再次發動有效的攻擊，遏制其前進的步伐。

圖 6-3-3

【技術應用 2】

（1）在我摔倒的瞬間，以後背著地，抬起右腿，以右腳朝向對手，迅速擺出有效的防禦姿勢（圖6-3-3）。

（2）當敵人由正面上步逼近我的時候，我雙臂屈肘向後伸展，以雙側大臂和肩部支撐接觸地面、支撐身體，同時左腳用力推蹬地

圖 6-3-4

面，腰髖儘量向上提起，右腿猛然伸展挺膝，右腳迅速向前上方蹬出，以腳底和腳後跟為力點蹬踹對手胸腹部位，以達到遏制對方進攻勢頭的效果（圖 6-3-4）。

【技術要領】

出腿時，一定要用雙側大臂和肩背部位接觸地面、支撐身體，使自己的身體保持平衡穩定。腿腳蹬出的一瞬間，要展髖挺膝，放長擊遠。

二、地面鞭掃腿

【技術應用 1】

(1) 在我摔倒的瞬間，以後背著地，迅速擺出有效的防禦姿勢（圖 6-3-5）。

(2) 當敵人由正面上步逼近我的時候，我可以迅速向左翻轉身體，令左側腰

圖 6-3-5

髖著地，左臂屈肘，以左小臂和左手接觸、扶撐地面，同時右腿順勢屈膝朝右後方擺動（圖 6-3-6）。

(3) 旋即，在敵人右腳向前邁步的一瞬間，我左臂推撐地面，身體猛然以左側臀部為軸沿逆時針方向擺轉，腰髖左旋內扣，帶動右小腿向左前方橫掃而出，以右腳腳尖為力點畫弧形路線狠踢對方右大腿內側或者腹股溝部位（圖 6-3-7）。

233

圖 6-3-6

圖 6-3-7

【技術要領】

掃踢敵人大腿內側，一旦擊中目標，可以致使其腿腳發軟、站立不穩，常常肌肉充血腫脹，甚至皮開肉綻、肌肉痙攣，從而達到削弱敵人戰鬥力和破壞其身體重心平衡的目的，同時也起到騷擾、破壞對手腳步移動節奏的目的，使其難以再組織起有效的攻擊。

【技術應用 2】

(1) 在我摔倒的瞬間，以後背著地，迅速擺出有效的防禦姿勢（圖 6-3-8）。

(2) 當敵人由正面上步逼近我的時候，我可以迅速向左翻轉身體，令左側腰胯著地，左臂屈肘，以左小臂和左手接觸、扶撐

圖 6-3-8

地面，同時右腿順勢屈膝朝右後方擺動（圖6-3-9）。

（3）旋即，在對方右腳向前邁步的一瞬間，我左臂推撐地面，身體重心猛然提起，以左腳、左膝和左小臂接觸地面、支撐身體，令上體懸空，同時腰髖左旋內扣，帶動右小腿向左前上方橫掃而出，以右腳腳尖為力點畫弧形路線掃踢對方襠腹部位（圖6-3-10）。

圖 6-3-9

圖 6-3-10

【技術要領】

身體在地面上的翻轉與擺動要靈活、順暢，踢擊時右髖部稍做前移，右髖關節發力，以腰髖帶動右腿擺動，待右膝關節擺動至正前方瞬間，以右膝為中心，右小腿加速向前挺膝沿弧形路線橫擺掃踢。

【技術應用3】

（1）在我摔倒的瞬間，以後背著地，右腿屈膝提起，右腳朝向對方，迅速擺出有效的防禦姿勢（圖6-3-11）。

（2）當敵人快速逼近我的

圖 6-3-11

235

時候，我迅速向右翻轉身體，右腳隨勢向後擺動，以前腳掌著地，右臂屈肘，以右小臂和右手接觸、推撐地面，令上體懸空，同時左腿順勢屈膝朝左後方擺動（圖6-3-12）。

圖 6-3-12

(3) 旋即，在對方右腳向前邁步的一瞬間，我腰髖猝然右旋內扣，帶動左小腿橫掃而出，以腳背或者小腿脛骨為力點畫弧形路線掃踢對方前腿膝蓋節外側部位（圖6-3-13）。

圖 6-3-13

【技術要領】

出腿時一定要利用腰髖的扣轉帶動出腿發力，同時注意支撐手臂與左腳蹬地、令身體懸空時，身體要平穩，切勿前後擺動。

三、地面側踹腿

【技術應用 1】

(1) 當身體向左側摔倒時，以身體左側接觸地面，右腿屈膝，右腳朝向敵人，迅速擺出有效的防禦姿勢（圖6-3-14）。

(2) 當敵人邁步逼近時，我迅速用左臂推撐地面，身

體重心猛然提起，以左腳、左膝和左小臂接觸地面、支撐身體，令上體懸空，同時腰髖左旋內扣，右腿猛然挺膝向右側水平踹出，以腳底或腳後跟為力點，襲擊對方前腿膝蓋或者小腿脛骨部位（圖 6-3-15）。

圖 6-3-14

圖 6-3-15

【技術要領】

側踹腿無論是在站立狀態還是倒地狀態下使用，都是極佳的防守性腿法，可以用來截擊對手的各種進攻，遏制其攻勢，主動掌控交手距離，從而摧毀對手主動攻擊的勇氣和士氣。踹出腿時的速度要快，出其不意，擊點準確。

【技術應用 2】

(1) 當身體向左側摔倒時，以身體左側接觸地面，右腿屈膝，右腳朝向敵人，迅速擺出有效的防禦姿勢（圖 6-3-16）。

(2) 當敵人邁步逼近時，我迅速用左臂推撐地面，令身體離開地面並向左側翻轉腰髖，以左腳、左膝、左小

圖 6-3-16

臂和右手接觸地面、支撐身體，令上體懸空，右腿屈膝回收，蓄勢待發（圖 6-3-17）。

(3) 旋即，右腿猛然挺膝向右側上方猝然踹出，以腳底或腳後跟為力點攻擊對方胸腹部位（圖 6-3-18）。

圖 6-3-17　　　　　　　　圖 6-3-18

【技術要領】

雙臂推撐地面，可以產生反作用力，加大衝擊力度，使攻擊更加兇狠有效。

第四節 ▶ 騎乘技術

騎乘姿勢是地面打鬥中最常見、最主流的姿勢，當然也是最具優勢的姿勢。因為你是騎乘在敵人的軀幹之上，四肢沒有受到任何約束，而且全部體重都傾壓在他的身體上，居高臨下的你可以肆無忌憚地揮拳擺臂擊打對方的腦袋；或者盡情地施展你的鎖纏技能，輕而易舉地令其束手就擒，無論對方是仰面朝天還是趴伏在地。

這時，敵人因為受到地面空間上的制約，很難施展攻擊性拳法，即便打出一拳，也因為手臂無法向後揮舞、腰

部不能轉動助力，而導致攻擊軟弱無力。

一、取得騎乘優勢

【動作說明】

(1) 地面纏鬥過程中，敵人處於被動局面，仰面朝天躺於地面，我雙腿屈膝跪地支撐身體重心，以臀部騎坐在對方腰腹部上方，雙膝內扣、夾緊，雙腳以腳背著地，上體略向前俯身，雙手可以按壓控制對方上身、胸部，勢如騎乘於馬背之上，可以輕鬆地駕馭對手（圖6-4-1）。

圖6-4-1

(2) 如果敵人趴伏於地面，我也可以將臀部騎乘於他的背腰上，形成背後騎乘（圖6-4-2）。

圖6-4-2

【技術要領】

形成騎乘姿勢時，兩腿以及膝蓋部位一定要夾緊對方的身體兩側腰肋位置，並以雙腿膝蓋頂靠在對手雙側腋窩下，將其身體牢牢固定住，在這種勢態下，才能令對手處於被動挨打的局面。騎在對手身上的時候，臀部不要過於靠近對方的腰髖部，要稍微向前上方一點，盡量將臀部貼在對方的腹部位置。如果你將自己的臀部坐在了對方的腰胯部位上，對方只要輕輕向上挺腰掀胯，使用起轎動作或

者膝蓋頂撞就可以將你掀翻出去。

二、騎乘狀態下展開的攻擊與降服

【展開擊打】

(1) 直擊，騎乘在敵人身上時，可以用一隻手控制住對方的脖頸，另一手以直拳擊打對方頭部（圖 6-4-3、圖 6-4-4）。

(2) 捶擊，取得上方優勢時，可以揮舞手臂，以拳輪為力點向下連續砸擊敵人頭部，這種捶擊方式非常兇狠有效（圖 6-4-5）。

圖 6-4-3

圖 6-4-4

圖 6-4-5

(3) 肘擊，地面打鬥中用堅硬的肘尖攻擊敵人，是極為常見打擊方式，肘尖鷹嘴部位堅硬無比，連續的肘擊可令敵人面目全非（圖 6-4-6）。

(4) 摳眼，用手指摳挖敵人的眼睛，常令敵人防不勝防，手段雖然惡劣，但效果十分顯著（圖 6-4-7）。

圖 6-4-6

圖 6-4-7

(5) 頭撞，以前額頭骨砸擊敵人面門、鼻梁等相對脆弱的部位，往往可以令敵人瞬間鼻口躥血（圖 6-4-8）。

圖 6-4-8

【技術要領】

無論使用哪種方式進行攻擊，你的雙腿都要牢牢夾持住敵人的腰身，不能因為要展開打擊而放鬆控制，顧此失彼，就得不償失了。

【實施絞窒】

(1) 地面纏鬥中敵人面朝下趴伏於地面，我騎乘於對手後背之上，雙腿夾緊對方軀幹，雙手按壓其雙肩，令其處於被動局面（圖 6-4-9）。

(2) 展開攻擊時，我先向前俯身，用右手扶撐對手頭部右前方地面，並用左手自下而上搬拉對方額頭，迫使其向上抬起頭來，令其頸部下方露出空隙（圖 6-4-10）。

圖 6-4-9

（3）隨即，右臂屈肘，右手自右向左由對方脖頸下方穿插頭部左側，以右小臂橈骨橫攬住其咽喉部位，準備實施扼絞（圖 6-4-11）。

圖 6-4-10　　　　　　　　圖 6-4-11

（4）繼而，上體繼續前俯，胸部貼緊對方後背，左臂向前伸展，右手順勢抓住自己左臂大臂內側位置（圖 6-4-12）。

（5）緊接著，左臂迅速屈肘，左手內旋，以手掌按住對方後腦部位，雙臂夾緊，左手用力

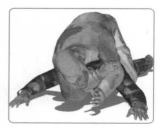

圖 6-4-12

下壓，針對對手脖頸形成「4」字型扼絞，頭部可以配合用力抵壓自己左手手背，以加大扼絞的力度，僅持數秒鐘即可令對手徹底屈服（圖 6-4-13）。

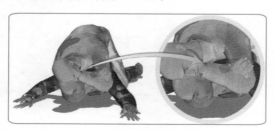

圖 6-4-13

【技術要領】

搬拉敵人頭部的速度要快，右臂穿插迅速，右手一定要牢牢抓住自己左臂，從而使扼絞的結構更加堅固。以右臂臂肘扼勒對方的咽喉氣管時，左手反方向施加壓力，在雙臂形成鎖定狀態後，頭部可以用力向右下方抵壓對手頭部，會使扼絞更加具有威力，這絕對是一種致命絞殺技法。

【關節降服】

(1) 地面纏鬥中，當我們取得了騎乘位這樣的優勢姿勢時，敵人雙臂收攏於胸前，進行防衛（圖 6-4-14）。

圖 6-4-14

(2) 我迅速向前俯身，胸部貼近對方胸部，用左手扣按住對方左手腕部，同時用右手按住其左肘關節內側，兩手一併向下用力，將其手臂按壓於對手頭部左側地面（圖 6-4-15）。

(3) 在手臂向下按壓的同時，用彎曲的左肘頂住對方左側頸部，令其無法抬頭、起身（圖 6-4-16）。

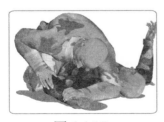

圖 6-4-15

圖 6-4-16

(4) 隨即，右手自對方左肘下方穿過，至自己左手腕部上方（圖 6-4-17）。

243

(5) 動作不停，右手內旋，扣按住自己左手腕部，雙手配合將對方左臂肘牢牢鎖定（圖 6-4-18）。

圖 6-4-17

(6) 繼而，左手用力將對方左手腕緊緊按壓於地面，右手配合向後拉收，右臂向上略微抬起，雙臂協調動作，徹底鎖死其左臂，實施向上的腕緘技術，令其因劇痛而屈服（圖 6-4-19）。

圖 6-4-18

圖 6-4-19

【技術要領】

腕緘技術，可以針對敵人的肘關節和肩關節造成不同程度的損傷，威力巨大，動作簡單，是一種既省力，又極具破壞力的關節技。動作的前提是首先要將對方的一隻手臂按壓於地面，然而實戰中，對方被騎乘後，都會本能地將雙手收攏於胸前，由於雙肘夾緊，按壓其手臂是存在一定難度的。

關鍵是要打開對方的肘腋，可以用一隻手推動其肘尖部位，然後再配合另一隻手用力下壓。將對方手臂按壓於地面的同時，抓拿對方手腕的手臂一定要向下彎曲，以肘

尖和大臂外側牢牢頂住對方脖頸一側，從而達到控制對手頭部自由轉動的目的，防止其滾動反抗。

手臂由對方肘下穿過時，要注意位置要準確，正確的位置是肘關節外側靠近大臂部位，右臂向上抬動時，力點也是作用於這個位置，如果從肘關節外側靠近小臂位置穿過，則收不到別鎖的效果。

三、擺脫騎乘

當你被對手騎乘了或者遭到壓制的時候，你應該做何反應？是用力去推搡對方，還是死死抱住他不放？在被動局面中，應該注意哪些問題呢？

首先，盲目用力推搡對方的身體是無濟於事的，那是無謂的反抗，而且會給對手製造出許多實施臂鎖技術的機會。正確處理思路是，趕快從對方的胯下逃脫出來。

處於被騎乘狀態是一種非常危險的境況，如果不及時逃脫，你將遭受對方進一步的遏制或打擊。只有儘快從困境中解脫出來，你才不會繼續處於被動局面，才可能絕地反擊。

【逃脫方法】

(1) 實戰中，敵人騎乘在我身體上，我處於被動局面（圖 6-4-20）。

(2) 當敵人還沒有俯身對我實施進攻時，我突然挺腰抬髖，將對手向我頭頂上方掀動（圖 6-4-21）。

(3) 迫使對方身體向前移動，雙手扶地，身體重心平均分佈於四肢（圖 6-4-22）。

圖 6-4-20

圖 6-4-21

(4) 此時，身體略微向左側擰轉，右手按住對方右腿大腿根部髖關節位置，左手按住其右腿接近膝蓋部位，左腿隨身體的轉動略微伸展、平放，右腿屈膝向後移動，右腳儘量回收，靠近自己的右側臀部（圖 6-4-23）。

圖 6-4-22

圖 6-4-23

(5) 隨即，身體猛然向左擰轉，右側臀部抬起，以左側軀幹著地，雙手同時用力推撐對方右腿，右腳配合蹬地，將腰胯翻轉並向右後方移動，令軀幹和右腿成 90 度角，左腿屈膝，膝蓋部位順勢由對方兩腿間抽出（圖 6-4-24）。

(6) 動作不停，身體再向右擰轉，令後背著地，左腿隨之內旋，以膝蓋扣住對

圖 6-4-24

方右側腰肋部位（圖6-4-25）。

　　(7) 此時，左腳即可以順利地從對手雙腿間抽出（圖6-4-26）。

圖 6-4-25

圖 6-4-26

　　(8) 緊接著，左腿屈膝，左腳向自己的左臀部附近落步、踏實，身體略微向右側擰轉，右腿隨身體的轉動略微伸展、平放。同時，左手按住對方左腿大腿根部髖關節位置，右手按住其左腿接近膝蓋部位（圖6-4-27、圖6-4-27背面）。

圖 6-4-27

　　(9) 繼而，身體猛然向右擰轉，左側臀部抬

圖 6-4-27 背面

起，以右側軀幹著地，雙手同時用力推撐對方左腿，左腳配合蹬地，將腰胯翻轉並向左後方移動，右腿屈膝，膝蓋部位順勢由對方兩腿間抽出（圖6-4-28）。

　　(10) 將右腿順利抽出的瞬間，身體再向左擰轉，令後背著地仰躺（圖6-4-29）。

圖 6-4-28　　　　　　　　　　圖 6-4-29

⑾ 之後即可以用雙腿扣鎖住對方的腰部，順利逃脫對手騎乘並轉化為對自己有利的封閉式防守姿態（圖 6-4-30、圖 6-4-31）。

圖 6-4-30　　　　　　　　　　圖 6-4-31

【技術要領】

這種逃脫技術是地面打鬥中最常見的方法，被稱為「蝦行」，是利用髖關節的扭動來實現逃脫的方法，由於動作過程很像一隻大蝦伸縮著身體在水中游行，故而得名。如果你推撐對方一側支撐腿的雙臂與轉動腰髖的動作配合協調的足夠完美的話，你的異側腿完全可以瞬間抽出，在此腿成功逃脫後，要迅速擰轉腰胯，快速抽出另一條腿，身體的扭動翻轉要靈活自如，整個動作要求聯貫、協調，切勿脫節、遲滯，否則將功虧一簣。

雙臂推撐對方支撐腿時，不要使用蠻力，之所以說是

推撐，就是在強調不僅是推，更重要的是撐，雙臂一定要展開，但不要過於伸直，雙臂要像樑架一樣撐住對方的大腿，抽腿得以實現的主要動力來源是身體的轉動和腰髖的擰動，並不是雙手的推力，這一點一定要清楚。

同時還要注意，在身體腰髖翻轉移動過程中，一條腿是準備從對方雙腿下面抽出的，要自然放鬆，而另一條腿則起著關鍵的作用，即用力蹬地，推動身體移動、腰髖擰轉，沒有這條腿蹬踏地面產生的反作用力，是根本無法實現「蝦行」的。

第五節 ▶ 側面控制

側面控制在柔道中被叫做橫四方固或側四方壓制。顧名思義，是指施技者由對手身體側面實施動作的壓制技術。一般情況下，在針對敵人實施了有效的側面壓制後，對手是很難逃脫的，無論他是左右翻滾，抑或上下顛簸，都將是徒勞之舉。

一、取得側面控制優勢

【動作說明】

(1) 地面纏鬥中，敵人仰面躺在地上，我跪扶於對手身體右側（圖 6-5-1）。

(2) 實施動作時，上體前撲，並用雙臂圈抱住對方左手臂，令其置於我左肩頭上方，

圖 6-5-1

同時將軀幹和胸部緊緊貼壓住對手的軀幹和胸部，迫使其被牢牢固控於地面，無法掙脫（圖 6-5-2、圖 6-5-2 側面）。

 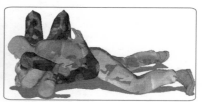

圖 6-5-2　　　　　　　圖 6-5-2 側面

(3) 在形成上文所述這種基本的側向壓制後，對方一般都要極力進行反抗，或上下顛簸，或左右擰轉，為了防止其掙脫束縛，我們還可以進一步實施固控。在雙臂鎖緊的同時，雙腿屈膝一併向前提頂，分別用膝蓋抵住對手的右側腋下和腰肋部位，臀部上抬，上下肢形成夾持狀態，令其無法翻轉（圖 6-5-3）。

圖 6-5-3

(4) 也可以變換下肢姿勢，伸展雙腿後交錯形成「人」字型狀態，使壓制更加牢固（圖 6-5-4、圖 6-5-5）。由於其雙腿伸展、狀態宛如僧人披上一襲袈裟似的，故而得名「袈裟固」。

這種姿態相對於前面介紹的姿態而言，在機動性和靈活性上更具優勢，對方在被動局面下無論是按順時針方向還是按逆時針方向輾轉移動，我們都可以以臀部為軸，擺動雙腿隨之轉動，使自己始終處於優勢壓制狀態下。

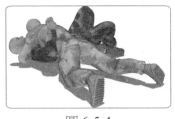

圖 6-5-4　　　　　　　　　　圖 6-5-5

【技術要領】

動作過程中，屈膝用膝蓋抵頂對方身體側面是非常重要的，同時以腳背著地，更有利於夾持對方的身體，使其無法移動身體；如果進一步的動作需要將腿伸展開來，一定要用腳尖蹬地，施加壓力。

雙臂一定要用力收攏、拉緊，夾肩、扣肘。在壓制過程中，如果不是馬上要轉換姿態或者實施鎖拿技術，千萬不要過於挺胸抬頭，防止對方翻滾。

二、側面控制狀態下展開的攻擊與降服

【展開擊打】

(1) 取得上方優勢時，可以揮舞手臂，以拳輪為力點向下連續砸擊對方頭部，這種擊打方式在各種 MMA 比賽中經常可以見到（圖 6-5-6）。

圖 6-5-6

(2) 當取得了上位優勢時，可以抬起一條腿，以膝蓋為力點衝頂對方頭部或者肋部，攻擊威力不可小覷（圖 6-5-7、圖 6-5-8）。

圖 6-5-7 圖 6-5-8

【技術要領】

無論使用哪種方式進行攻擊，你的上體和腰身都要始終壓制住敵人的上體，不能因為要展開打擊而放鬆控制，要始終將主動權控制在自己手中。

【實施絞窒】

(1) 地面纏鬥過程中，對手被動仰躺於地面，我跪伏於其身體右側，伺機發動進攻（圖 6-5-9）。

(2) 敵人出於本能會用手推揉我，準備坐起身來。我趁其頭部抬起地面之機，迅速向前俯身，右手支撐地面，左手自左向右由對方脖頸後側穿過，並屈肘抓住其左側肩頭，形成圈攬之勢，胸部壓制住對方前胸（圖 6-5-10）。

(3) 繼而，上身略微抬起，右手推離地面，屈肘向左擺動，並順勢抓住自己左臂大臂內側部位，以右小臂抵壓住對

圖 6-5-9

圖 6-5-10

英國皇家特種部隊格鬥術 ＳＡＳ防暴制敵經典教範

方右側脖頸（圖 6-5-11）。

(4) 動作不停，上身再次前俯，在左臂牢牢圈攬住對方後頸的前提下，以上體的重量帶動右臂向下壓制，以小臂尺骨為力點擠壓對方脖頸，從而針對其脖頸形成絞殺（圖 6-5-12）。

圖 6-5-11

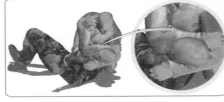
圖 6-5-12

【技術要領】

俯身圈攬對方脖頸的動作要迅速，抓住戰機，攬住其後頸瞬間，左手立即抓住對方左側肩頭，防止其脫逃。右臂以小臂尺骨為力點向下擠壓時，要充分藉助上體前俯的力量，用自身的體重去絞殺目標，不要一味使用蠻力，這樣在持久戰中可以有效地節省體力。

【關節降服 1】

(1) 利用投摔技術將敵人仰面朝天摔倒後，我跪扶於對手身體右側（圖 6-5-13）。

(2) 發動攻擊時，上身迅速撲壓在他身體上，並用雙臂圈抱住對方左手臂，令其

圖 6-5-13

253

置於我左肩頭上方，同時將軀幹和胸部緊緊貼壓住對手的軀幹和胸部，迫使其被牢牢固控於地面，無法掙脫（圖 6-5-14、圖 6-5-14 側面）。

圖 6-5-14　　　　　　　　圖 6-5-14 側面

(3) 在控制住對方上體的前提下，雙腿迅速屈膝前提，以膝蓋分別頂住對方脖頸和腰胯部位，防止對方掙脫（圖 6-5-15、圖 6-5-15 側面）。

圖 6-5-15　　　　　　　　圖 6-5-15 側面

(4) 雙臂屈肘攬緊對方左臂，頭部向左壓制住其左大臂部位（圖 6-5-16）。

(5) 不待對方反應，我迅速用右手抓住其左大臂部位，用

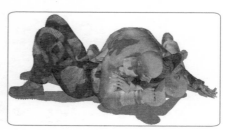

圖 6-5-16

力向前下方拉扯（圖 6-5-17）。

（6）如果對方掙扎反抗，我無法順利將其手臂拉扯下來，我可以馬上用右手抓住自己左大臂內側（圖 6-5-18）。

圖 6-5-17　　　　　　　　圖 6-5-18

（7）隨即，雙腿以膝蓋為力點向後推撐發力，推動身體向前滑動，以左肩部向前下方抵壓對方左臂，迫使其手臂伸展開來（圖 6-5-19、圖 6-5-19 側面）。

圖 6-5-19　　　　　　　　圖 6-5-19 側面

（8）緊接著，立即抬起左手去扣按對方左手腕部（圖 6-5-20）。

（9）此時右臂屈肘墊在對方左臂肘關節下方，形成一個支點，左手用力向下

圖 6-5-20

按壓其左手腕部，利用槓桿原理，針對其左臂實施直臂鎖（圖 6-5-21、圖 6-5-21 側面）。

255

圖 6-5-21 側面　　　　　　　圖 6-5-21

【技術要領】

側面壓制時，胸部要貼壓在對方的軀幹上，雙膝抵住其軀體右側，頭部側轉過來，抵頂對方左臂，起到輔助作用。這樣做的目的是防止對方翻滾、逃脫，使壓制控制更加堅固。展開對方手臂，要充分利用身體的滑動慣性，以肩頭抵頂對方左臂令其伸直，不要用蠻力去拉扯。

實施直臂鎖時，要將右小臂墊在對方左臂下方肘關節外側位置處，作為一個支點，左手向下扣按時，右小臂配合向上提拉，利用槓桿原理，交錯發力。注意左手向下控制對方左臂的正確方式是以手掌扣按，而非用五指去抓握其左手腕，儘量使對方的手心朝上。

【關節降服 2】

(1) 地面纏鬥中，對手被我摔倒後仰躺於地面，我於其身體左側岔開雙腿，以左側臀部著地，右腳向右後方擺動，左腿向左前方伸展，儘量靠近對方肩頸部位，左臂屈肘圈攬其脖頸，右臂控制其左臂，將其攬至我右側腋下，左側腰肋部貼緊對方左側腰肋位置，成袈裟固狀態（圖6-5-22）。

(2) 對方掙扎反抗時，我迅速用右手抓住對方左手腕部，將其由我右側腋下拉出（圖6-5-23）。

圖 6-5-22　　　　　　　　圖 6-5-23

⑶ 然後，猛然向前俯身，右手牢牢攥緊對方左手腕部向前下方推送（圖 6-5-24）。

⑷ 動作不停，右手控制住對方左腕向右側水平牽引，直至將其手臂拉直，令其肘關節向下（圖 6-5-25）。

圖 6-5-24

圖 6-5-25

⑸ 隨即，以左腿大腿位置向上墊住對手左臂大臂外側，右手用力向下按壓對手左手腕部，針對其左臂肘關節實施直臂鎖（圖 6-5-26）。

（6）進一步，可以屈膝抬起右腳，以腳底踩踏住對手左手及腕部，並用力下踩，可以施加更大的力度，使對手之左肘關節折斷（圖 6-5-27、圖6-5-28）。

圖 6-5-26

圖 6-5-27

圖 6-5-28

【技術要領】

在袈裟固狀態下，圈攬對方脖頸的手臂需夾緊，可以用左手抓住對方後衣領或左側肩部，左側臀部要緊貼地面，確保壓制牢固。前後岔開的雙腿與臀部在地面上形成一個「人」字型。如果對手雙腳蹬地掙扎、轉動身體，我要以接觸地面的臀部為軸，雙腳隨之一併動作，使身體能夠根據對方的移動而移動，從而化解對方的掙扎、滾動之力。在用腳踩踏對方左手腕部時，一定要先將其手臂擰轉成肘窩向上狀態，以左側大腿部位墊住對方左臂下方肘關節外側位置，作為一個支點，再用右腳向下踩踏，利用槓桿原理，交錯發力。

三、擺脫側面控制

實戰中如果我方被敵人在地面上側面控制住了，這是

一件非常被動的事情。在這種局面下，你首先要作出的反應不能是盲目掙扎反抗，那是無濟於事的，你非但達不到逃脫的目的，反而會耗盡自己的體力，給對方創造更大的勝算。

正確的應對方式是，等待對手動作暴露出破綻後，再尋找機會實施正確的逃脫動作。

【逃脫方法】

(1) 實戰中，我處於被動局面，仰躺於地面，對手於我身體右側，以袈裟固技術控制住我的脖頸與右臂（圖6-5-29）。

圖 6-5-29

(2) 我可以迅速用左手向右側猛推對方頭部右側，同時身體用力向右側翻轉，掙脫對方的束縛（圖 6-5-30）。

圖 6-5-30

(3) 動作不停，身體繼續向右翻轉，左腳隨勢抬起，跨過對方身體，臀部拱起，左手推撐對方頭頸部（ 圖 6-5-31、 圖

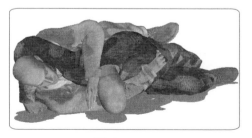

圖 6-5-31

6-5-32）。

(4) 繼而，在身體翻轉至面部朝下時，左腳著地，左腿騎跨於對方腰背後方，左臂用力壓制對方右肩胛，右腿屈膝跪地，雙手扶撐地面（圖6-5-33）。

圖 6-5-32

(5) 緊接著，雙手用力推撐地面，上體仰身，重心下沉，臀部騎坐於對方後背之上，右手順勢抓住對方右手腕部，左手按壓其右肩胛骨外側，從而順利脫險（圖6-5-34）。

圖 6-5-33

【技術要領】

身體在地面上的翻轉滾動要協調、流暢，上下肢動作彼此呼應。

圖 6-5-34

第六節 ▶ 封閉防守

封閉式防守是地面纏鬥中最常見、最基本、最實用，

也是技術含量最高的一種防守姿勢。在封閉式防守姿態下，你可以施展出無數種降服技和扼絞技。

封閉式防守是仰躺狀態下用兩條腿屈膝環扣在一起、鎖夾住對手腰部而形成的一種防守方法。大家知道腰部是人體運動發力的中樞，由雙腿的夾持，不僅可以使對手做出的動作難以徹底發揮威力，而且可以導致對方與自己保持一定的距離。

一、形成封閉防守

【動作說明】

(1) 地面纏鬥中，我處於被動局面，仰躺於地面，兩腿分開，對手雙腿屈膝跪伏於我雙腿之間，準備對我實施「腿間胸固」等一類的壓制攻擊（圖 6-6-1）。

圖 6-6-1

(2) 我迅速抬起左腿，屈膝，勾搭於對方右側腰胯部位（圖 6-6-2）。

(3) 幾乎同時，再將右腿抬起，屈膝，勾搭於對方左側腰胯部位，雙腿形成環狀，雙腳腳踝勾搭相交，將對方腰部牢牢圈攬鎖住（圖 6-6-3）。

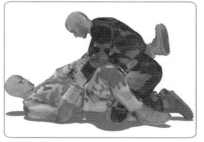

圖 6-6-2

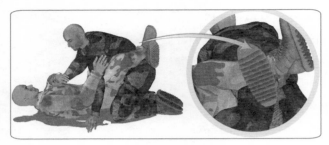

圖 6-6-3

(4) 左右腳抬起的
順序根據具體情況而
定，雙腳疊搭在一起，
可右腳在上，亦可左腳
在上，只要達到鎖閉目
的即可（圖 6-6-4）。

圖 6-6-4

【技術要領】

雙腿夾住對手的腰部要牢固，但不必過於用力，因為
我們夾持對方的目的不是要夾斷他的腰，而是為了控制對
手的腰部，從而使對方的動作受到限制，而我的腰部則是
可以自由活動的。

如果對手針對我頭部實施擊打，我可以靈活地躲閃。
同時，由於我對他腰部的控制，可以降低對手的擊打力度
和準確性。

地面纏鬥中，處於下位時，要始終保持腰部的靈活
性，只有腰部處於自由狀態下，才可以擺動身軀實施反
擊，出拳打擊對方時，可以藉助腰部擰轉的力量發力。腰
活了，整個人也就全活了，所有軀體動作也就都靈活了。

雙腿不要過於用力夾持和保持腰部機動靈活的另一個原因，是在封閉式防守姿態下，根據需要可以隨時放鬆雙腿。

二、封閉防守狀態下展開的攻擊與降服

【展開擊打】

(1) 實踐中處於下位時，我可以向前上方欠身，揮舞拳頭打擊敵人的頭部（圖 6-6-5）。

(2) 也可以在與敵人拉開距離的前提下，用腳蹬踢敵人的面部，從而達到變換姿態、改變戰術的目的（圖 6-6-6、圖 6-6-7、圖 6-6-8、圖 6-6-9）。

圖 6-6-5

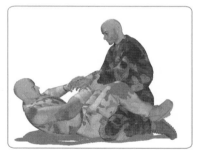

圖 6-6-6

圖 6-6-7

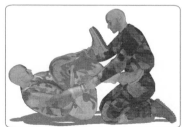

圖 6-6-8

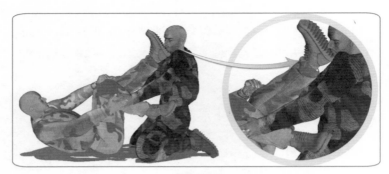

圖 6-6-9

【技術要領】

在下位局面時施展拳法打擊動作是件很不容易的事情，因為你背靠地面，出擊的拳頭很難發揮十足的力量。不過，在適當調整與敵人的距離後，使用腳法攻擊對方卻是非常經濟有效的方法。

【實施絞窒】

(1) 地面纏鬥中，我仰躺於地面，對手跪伏於我兩腿之間，我抬起雙腿，屈膝盤繞住對方腰身，雙腳勾搭在一起形成封閉式防守姿態（圖 6-6-10）。

圖 6-6-10

(2) 在對手於上位俯身準備發動攻擊時，我略微向上探身，伸出左手，迅速抓住對方後衣領（圖 6-6-11）。

(3) 幾乎同時，右臂屈肘，右手自對方脖頸下方向左側快速穿插（圖 6-6-12）。

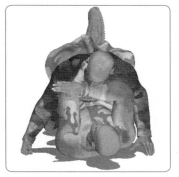

圖 6-6-11　　　　　　　　圖 6-6-12

(4) 並順勢用右手抓住自己左手腕部，令右小臂尺骨緊緊貼靠在對方咽喉處（圖 6-6-13）。

(5) 隨即，左手用力向下拉扯對方後衣領，右小臂則以尺骨為力點向上、反方向使勁推頂對方咽喉，從而形成絞殺之勢，令其窒息屈服（圖 6-6-14）。

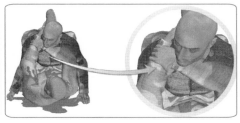

圖 6-6-13　　　　　　　　圖 6-6-14

【技術要領】

在封閉式防守姿態下，要想針對對手實施一些絞殺技術的話，你的上肢和軀幹不能距離對手太遠。進入封閉防守狀態的瞬間，應該迅速拉扯對方的手臂或者上身衣服，以縮短彼此距離，這樣才有利於發動降服攻擊、實施窒息

265

扼絞。縮短相互間的距離，也可以有效地避免對方實施擊打攻擊，從而使自己處於更加安全的狀態下。如果不能迅速控制對方的脖頸，就應該迅速扭動腰髖，移動身軀，與對方徹底拉開距離，或者抽身站起。雙腿在整個絞殺過程中，要始終牢牢鎖控住對方的腰身，防止其逃脫；左手抓握對方後衣領要牢固。實施絞殺時，雙手臂的動作要配合協調，左手回拉，右手前送，交錯發力。

【關節降服】

（1）地面纏鬥過程中，我處於被動防守局面，仰躺於地面，對手跪伏於我兩腿之間，俯身伸出雙手鎖掐我脖頸和雙肩，我用雙腿交叉勾鎖住對方腰胯部位，形成封閉式防守狀態（圖 6-6-15）。

（2）在對方雙手尚未觸及我脖頸時，我迅速將左手自對方右臂下方向右穿插，並扣按住其左手腕部，同時用右手向下扣壓對手左臂肘窩部位，雙手牢牢牽制住對方左臂（圖 6-6-16）。

圖 6-6-15

（3）然後，雙腿放鬆針對對手腰部的鎖控，臀部猛然向右側扭轉，身體於地面上沿順時針方向擺轉，左腿抵壓對方右側胸

圖 6-6-16

肋部，使自己的身軀與對方的身軀形成垂直狀態（圖 6-6-17）。

（4）隨即，在用左腿壓制住對方上體的同時，右腿屈膝向上抬起，以膝窩部位勾掛住對手脖頸部位（圖 6-6-18、圖 6-6-19）。

圖 6-6-17　　　　　　　　　圖 6-6-18

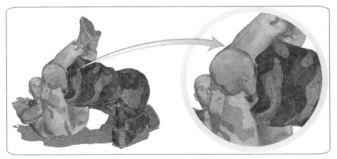

圖 6-6-19

（5）繼而，雙腿併靠、夾緊對手雙臂，一併用力向下壓制對方的脖頸和右側胸肋部位置，瞬間挺腰發力可將對手由跪伏狀態翻轉為仰躺之勢（圖 6-6-20）。

（6）對手後背著地瞬間，雙腿牢牢壓制對方上體，雙

267

腳腳踝交叉勾搭在一起，雙手将攬住對方左臂，腰部挺直，頭部抬起，上體順勢向後仰躺，雙手向後拉扯的同時將其右臂徹底控制於我兩腿間、軀幹上方，並略微向上挺腰，形成十字臂鎖（圖 6-6-21）。

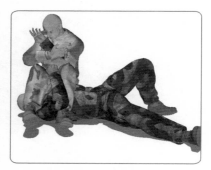

圖 6-6-20

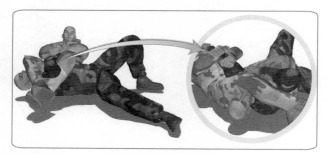

圖 6-6-21

【技術要領】

雙腿交叉勾鎖住對方腰胯部位要牢固，但不必過於用力夾持，要保持腰部機動靈活，只有這樣才可以隨時放鬆雙腿，並藉助對方的身體迅速拉開與對手的距離，從而達到變換姿態的目的。在身體由對方身軀下輾轉出來的整個過程中，雙手要始終牢牢將對方左臂固定在胸前，不能讓他抽出去，否則就無法針對其手臂實施鎖控了。自己的身體與對方的身體型成垂直狀態時，要立刻挺腰，雙腿迅即向前下方用力伸展、壓制，切勿鬆懈遲疑，動作要迅捷有力，才可以將對手的身體瞬間掀翻過來。

在上體後仰、形成十字臂鎖的時候，雙膝併攏，雙腳勾緊，將臀部貼緊對方的左肩胛骨部位，以小腹、恥骨為支點用力向上抵頂對方大臂外側。

三、突破封閉防守

封閉防守狀態下，從敵人的雙腿間逃脫出來，相對於身體被壓制的逃脫要容易一些，但前提是你具有一定力量和技巧，並且善於掌控突破重圍的時機。

【突破方法】

(1) 地面打鬥時，我被敵人用雙腿鎖住腰部，為了擺脫這種被動局面，我可以用拳頭連續猛擊對方頭部（圖6-6-22、圖6-6-23）。

圖 6-6-22   圖 6-6-23

(2) 也可以用拳頭使勁捶擊對方腹部，迫使其放鬆雙腿的夾持，然後用雙臂向下抵頂對方雙腿，迅速蹬地站起來（圖6-6-24、圖6-6-25）。

(3) 起立的過程中，可以繼續用拳頭擊打對方襠部，身體配合用力向後掙脫（圖6-6-26、圖6-6-27）。

圖 6-6-24

圖 6-6-25

圖 6-6-26

圖 6-6-27

【技術要領】

　　先用連續的擊打動作攻擊對方，目的是擾亂敵人的戰略意圖，迫使其將放鬆針對我的控制，將其注意力轉移到防守上來，只有這樣才可以尋找並抓住時機，實施逃脫。

第7章

—————————• 防禦短刀威脅

⭐ 短刀是一種短小精悍的攻擊性武器，其特點是攜帶方便，易於隱藏，攻擊方式靈活多變，殺傷力強，適用於近距離搏殺。現代各國特種兵基本都會裝備軍用匕首，同時它也是各類犯罪分子和恐怖分子鍾愛的武器之一。

任何人，無論是否受過專業訓練，只要手握一把寒光閃閃的短刀，就會無形地占據了上風，其所具有的震懾力是不言而喻的。

事實上，短刀可以攻擊人體的任何部位，刀鋒所過之處都會皮開肉綻、鮮血淋淋，在瞬息萬變的肉搏中針對這些敵人的要害部位和薄弱環節的有效刺砍，往往可以收到「一擊斃命」的效果。

第一節 ▶ 短刀防禦基本常識

短刀在進行攻擊時，危害性是非常大的，如果被刺要害中，瞬間可導致死亡，即便沒有傷及要害，也會造成鮮血橫流，喪失反抗能力，同時也會極大地影響戰鬥信心和意志。因此，首先要在認識上重視起來。

在深入學習針對短刀進行防禦的格鬥技術之前，還應該對刀具的類型、構造、握持方式以及攻擊特點等方面的知識，做一個初步的瞭解，這無疑是對進一步的學習與訓練大有裨益的。

一、短刀的類型與構造

軍用短刀一般分為：單刃軍用獵刀（圖 7-1-1）、雙刃軍用刺刀（圖 7-1-2），和鋸齒背刃軍用獵刀（圖 7-1-3）。

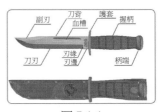

圖 7-1-1

其中獵刀通常只有一邊開刃，另一側為不對稱的刀背，軍用獵刀的刀背一般都帶鋸齒，以便野外使用，還有的短刀刀柄是空的，可以擰開，內藏急救藥品。

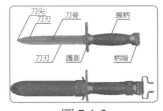

圖 7-1-2

單刃刀、雙刃刀各有優缺點，利弊並存。

以上提及的是幾種常見的軍用短刀，事實上，我們所講的短刀類的鋒利攻擊武器還包括冰錐、碎酒瓶、剪刀、螺絲刀等等，其攻擊特點以及危害程度基本上是一致的，所以在

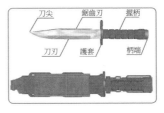

圖 7-1-3

以後的學習過程中，大家要善於舉一反三地靈活應用所掌握的技術，觸類旁通。

二、短刀的握持方法

握持方法就是指拿握短刀的手法，就軍用短刀而言，一般有以下幾種基本握持方法：正握、反握、直握。

【正握】

五指捲曲如攢拳般握住刀柄，虎口抵住短刀護套位置，刀刃朝向前下方，刀尖指向前上方（圖7-1-4）。

圖 7-1-4

正握短刀在攻擊時主要表現形式是自下而上或朝斜上方運動的挑刺，或者橫向揮舞手臂進行劃割。

【反握】

五指捲曲如攢拳般握住刀柄，虎口向上，手掌及小指外沿抵住短刀護套位置，刀刃朝向前上方，刀尖指向前下方（圖7-1-5）。

圖 7-1-5

反握短刀在攻擊時主要表現形式是自上而下或朝斜下方運動的劈刺。

【直握】

與前兩種握持方式不同，不是用五指全力攢握刀柄，而是捏握，即用食指和拇指捏住刀柄靠近護套位置，其餘三指彎曲，配合掌根抵頂住刀柄根部，使刀尖朝向正前方（圖7-1-6）。

直握短刀進行攻擊時主要用於水平方向上

圖 7-1-6

的的直刺。

三、短刀的基本攻擊方式

短刀在軍事格鬥中主要體現為敵我雙方劇烈搏鬥過程中的動態攻擊，也有一種情況是一方持刀挾持一方的靜態威脅。

【直刺】

直刺是一種沿直線進行攻擊的刀法，其運動路線短，速度快，突發性強，命中率高，防範難度也比

圖 7-1-7　　　　圖 7-1-8

較大，是一種極具威脅性的刀法。

直刺刀法在應用時，要求右手正握短刀（也有人更善於用左手），屈肘置於右肋前（圖 7-1-7），然後身體重心突然向前過渡，右手沿直線向前水平刺出（圖 7-1-8）。出刀過程中可以配合步法，提升攻擊速度和力量。

直刺主要用於正面刺擊頭部、咽喉和胸部。

【挑刺】

挑刺是一種自下而上攻擊的刀法，其上刺威力強勁，運動路線短促、刁鑽，是一種非常凶險陰毒的刀法。

挑刺刀法在應用時，要求右手正握短刀，直臂置於身體右胯外側（圖 7-1-9），然後身體重心猛然向前過渡，身體略微向左轉動，帶動右手臂沿弧形路線向前上方挑刺

（圖 7-1-10）。

挑刺主要用來攻擊敵人
襠腹部要害。

圖 7-1-9　　　　　圖 7-1-10

【擺刺】

擺刺是一種利用身體的
側擺和轉動帶動持刀手臂的
擺動，沿弧形路線由側面攻擊對手的刀法。這種刀法在出
擊時，因身體的大肌肉群一起用力，運行路線比較長、幅
度大、離心力大，因而刺殺威力也無比巨大。

擺刺刀法在應用時，要求右手正握短刀，直臂平舉於
身體右後方，手心向下，高與胸齊（圖 7-1-11），然後身
體猛然向左轉動，帶動
右手臂水平向身體左側
弧線擺刺（圖 7-1-12）。

擺刺主要用來攻擊
敵人頭部和頸部側面，
以及側肋部位。

圖 7-1-11　　　　　圖 7-1-12

【劈刺】

劈刺的特點是在刺出之前必須要先將持刀手臂高高舉
起，然後再向下揮舞手臂，由於向下揮舞的慣性所致，劈
刺的力量會很大，威脅性更強。但是其動作幅度也相應比
較大，預動明顯，容易被察覺和防範。

劈刺刀法在應用時，要求右手反握短刀，高舉至頭部
右上方，肘關節略微彎屈（圖 7-1-13），然後身體重心猛

然向前過渡，身體略微向左轉動，帶動右手臂自上而下直臂劈刺（圖 7-1-14）。

劈刺主要用於襲擊敵人頭部或者肩部，斜劈時也可以用來攻擊側頸和胸部。

圖 7-1-13　　　　　圖 7-1-14

【劃割】

劃割刀法的運動路線一般是沿水平方向或者自上而下斜向揮舞，從身體的一側運動至身體的另一側。

圖 7-1-15　　　　　圖 7-1-16

劃割在應用時，要求右手直握短刀，手臂伸展，手心向上，令刀刃指向左側（圖 7-1-15），然後身體猛然向左轉動，帶動右手持刀由身體右側向左側劃動（圖 7-1-16）。

這種刀法在具體運用時，大多是有去有回的組合攻擊，即在刀鋒劃至身體左側後，立即手腕內旋，令刀刃翻轉朝向右側（圖 7-1-17）。隨即，身體再向右轉動，帶動右手持刀由身體左側向右側劃動（圖 7-1-18）。起始第一刀可以由右向

圖 7-1-17　　　　　圖 7-1-18

左，也可以由左向右，如此反覆，連續揮舞。

　　實戰中，劃割刀法可以用於攻擊對方的頭頸要害，也可以用來阻擊對方的進攻。

【挾持】

　　上文介紹的幾種攻擊方法都是動態的，挾持則是一種靜態的威脅，即所謂「刀架脖子」的時刻（圖 7-1-19）。這種威脅表面上看上沒有遭受刀具動態攻擊那麼可怕，危險係數降低了許多。

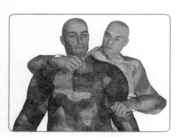

圖 7-1-19

　　其實不然，因為刀刃或者刀尖距離自己身軀更近了，甚至有的時候，你的皮膚完全可以感受到刀具的冰涼程度，其客觀存在的威脅和由此而產生的恐懼感，絕對不亞於前者。況且在敵人完全掌握主動的局面下，對方可以隨時發動攻擊，割斷你的氣管，也只是舉手之間的事情。

四、短刀攻防訓練原則

　　短刀屬於鋒利的刃具，在學習和訓練過程中，如操作不慎，可能會導致他人或者自身造成傷害。所以建議在訓練初期，可以先使用橡膠仿製的短刀模擬攻防動作，在充分掌握了短刀的運動特性和攻擊方式之後，再進而使用真正的金屬刀具進行訓練，進一步體會刀鋒的威力與感覺，前提是必須做好必要的安全措施。

　　有的格鬥老師不建議使用真刀訓練，其實是不對的，

事實上只有真正面對鋒利的刀鋒，才能有身臨其境的感覺，才能收到臨危不懼的效果。當然要循序漸進，做好保護措施，不可急於求成，馬虎大意。

在持刀進行攻擊訓練時，也要準備橡膠或木製模特，在其身上模擬劈刺。另外，在使用刀具模型進行訓練時，可以在刀尖和刀刃上塗抹一些顏色，來檢驗防禦者實施的技術動作是否準確到位，是否達到了躲避刀鋒的目的，以判定其訓練收效如何。

第二節 ▶ 防禦刀具威脅的基本原則

在上一節裡面我們針對短刀的構造、特點，以及攻擊方式進行必要的瞭解，目的是為進一步學習防禦和反擊短刀攻擊技術奠定基礎。也就是說，只有在對短刀的相關特性與知識進行了充分的瞭解以後，我們才能夠在面臨鋒利武器攻擊時，真正做到從容鎮定地採取具有針對性的防禦與反擊措施，做到有的放矢。

我們面對敵人鋒利凶器兇猛攻擊，在具體實施防禦策略時，必須要遵循並始終貫徹以下幾個基本原則：

一、沉著冷靜，從容應對

面對持刀的敵人，要臨危不懼，從容鎮定，切勿驚慌失措，貿然行事。要學會審時度勢，隨機應變。心慌則智亂，神定方從容。可能的話，儘量避免發生對抗，最好的辦法是迅速撤離現場。如果的確無法擺脫對方的糾纏，也儘量要拉開與對方的距離，確保自己與之保持安全距離。

但是，當你是一名戰場上的戰士，不得不面對你死我活的局面時，應該設法採取更具威力的武器來應對敵人，比如用手槍或者手雷一類的熱兵器徹底消滅他的肉體。因為赤手空拳地面對鋒利的刀具攻擊的確非常危險。

二、善於觀察，準確判斷

　　許多親身經歷過「生死刀鋒」的人，在事後大多會這樣來描述當時的情景，一開始並沒有注意到對方手持凶器，他們完全不知道武器的存在。事實上，雙方發生衝突時，敵人最初是刻意隱藏刀具的。直到被對方刺傷後，我們才意識到面對的是多麼兇險的局面。

　　在與敵人發生衝突時，首先要注意觀察對方的雙手，看那裡是否隱藏著凶器。如果有，就要時刻盯住對方的短刀，觀察其握刀方式（是正握還是反握、是左手持刀還是右手持刀）和攻擊方法，洞悉其攻擊路線和攻擊方向，推測其進攻意圖和攻擊目標，這也是至關重要的，只有充分掌握了這些訊息，才可能做出正確的反應，有效地擺脫困境。

　　在遭遇手持短刀的攻擊者時，你除了必須保持鎮定和警覺以外，針對短刀攻擊與挾持進行防禦與反擊時，還要學會根據對方與自己的距離來判斷他的攻擊意圖，並做出及時準確的反應。

　　彼此距離非常近的挾持行為，對方一般不會馬上傷害你的身體，他的目的基本上是為了俘虜或者綁架。對於近距離的動態攻擊，一般情況下，你可以用上肢手臂進行相應的阻格防禦，主要強調反應速度的快捷，動作要求迅猛

凶悍，切勿拖泥帶水。中遠距離攻擊，一般運動距離長，運動過程中積累的動能和力量巨大，更具有危險性，但由於其動作幅度大，也便於及時察覺、及時防範，既可以用手臂攔擋，也可以用腳進行遠程阻截，直接就可以將對方的攻擊意圖扼殺在搖籃裡。

防禦、反擊以及進一步使用擒拿降服技術制服對手、繳獲武器，都是可以比較從容地完成的，相對而言，迴旋餘地還是比較大的。

三、腳步靈活，動作敏捷

交手過程中，一定要讓自己動起來，雙腳切勿紮在地面不動，要迅速、靈活的閃躲和移動，儘可能地使自己的要害部位遠離敵人的刀鋒，尤其是頭部和胸部要在第一時間內避開刀鋒，有效地躲避開對手的第一次攻擊，是奪刀的制勝關鍵。

出手攔擋和控制也要敏捷果斷，在對手未及作出反應就迫其就範，不能給其留有任何反抗或改變攻擊動作的時機，儘量不要讓其發起連續攻擊，否則局面將會很被動。

無論是躲閃還是反擊，都要求身形與步法變換敏捷，這是在具體運用技術動作時必須要反覆強調的。根據對手劈、刺、擺、挑等不同攻擊方式，上下、前後、左右地閃避，必須靈活、及時，否則稍有遲疑就會付出血的代價。移動腳步的最終目的就是使自己始終保持靈活機動的狀態，及時躲過刀鋒，避免刀刃與刀尖傷及我們的身體，尤其要保護好要害部位。

腳步的靈活與動作的敏捷，就可以贏得寶貴的時間，

採取必要的措施，儘可能給自己創造尋找外援的機會，及時抄起身邊的一根棍子或者一把椅子、甚至在地上拾起一塊石頭，也可以瞬間扭轉局面。

四、防禦到位，反擊兇狠

格鬥時巧妙地、準確地阻截或格擋對方持刀手臂，令其攻擊方向和路線發生改變，並適時針對其要害予以準確打擊，可以有效摧毀對方的戰鬥力。同時使用降服技術針對敵人持刀手臂進行有效到位的控制，使其肩、肘、腕關節脫臼、韌帶拉傷，從而導致其手臂不能活動自如、喪失對凶器的抓握與控制。

在實施反擊時，一定要針對敵人的要害部位進行有效的、致命的打擊。狠狠地打擊要害部位和薄弱環節，這是瞬息萬變的生死刀鋒中「一招制敵」最有效的途徑。出手無情，堅決果斷，瞬間令其喪失反抗能力。尋找要害部位重點打擊，往往比任何技術都行之有效、立竿見影且事半功倍。

實踐證明，在阻截對方短刀攻擊手臂的同時，針對其身體要害部位實施致命打擊，往往可以有效地遏制對手發動第二次攻擊。

最後，特別強調一下，在你成功地運用擊打或者降服手段擊退了敵人的進攻，迫使他將刀具丟落在地之後，無論對方是否還具備反抗能力，哪怕這個傢伙已經落荒而逃，你都要迅速俯身拾起這把鋒利的短刀，將他變成自己的武器。這樣做不僅可以徹底打消敵人捲土重來的意圖，而且也是為了防止武器再次落到不知藏身何處的另一個敵

人手中，免留後患。

短刀在實戰中，是具有相當大的威懾力的。面對寒光閃閃的刀鋒，很多人都會膽顫心驚，甚至會感到茫然不知所措。但是，只要充分瞭解了短刀的性能、握持方法和攻擊方式等一般規律，熟練掌握各種防禦和反擊技法，在實際搏鬥中，不難成功制服並搶奪對手手中的利刃。

本節針對短刀的幾種攻擊方式詳細介紹相應的防禦與反擊方法。

一、防禦短刀直刺

【技術應用 1】

(1) 實戰中，敵人手持凶器，由正面主動出擊，右手握短刀或匕首直刺我胸部，動作犀利，來勢兇猛（圖7-3-1）。

圖 7-3-1

(2) 此時，我應該迅速閃身躲避刀鋒，左手順勢捋抓住敵人持刀手腕，並用力向右前方推開，使其右手無法繼續動作，徹底避開刀鋒的威脅（圖7-3-2）。

圖 7-3-2

(3) 緊接著，左手用力向外翻擰，右手配合左手，自下而上托抓住敵人右手手掌外沿部位，拇指扣壓住其手背，雙手協

圖 7-3-3

同動作，合力向前、向外捲擰其右手，令其放鬆對凶器的持握（圖7-3-3）。

(4) 上動不停，右腳向前快速上步，落腳於敵人前腳後側，控制住其下盤，同時身體向左擰轉（圖7-3-4）。

(5) 身體繼續向左轉動，雙手順勢繼續擰動其手臂，瞬間可將對方摔倒在地（圖7-3-5）。

圖 7-3-4

【技術要領】

躲閃刀鋒要動作要敏捷，身體要靈活，幾乎在躲閃的同時就要實施對持刀手臂的擒拿

圖 7-3-5

動作。雙手控制住敵人右手後，兩手的手掌外沿要用力向下拉壓，雙手大拇指用力向前扣壓其手背部位，形成捲腕之勢，瞬間可令其短刀鬆脫。上步要快，落腳要穩定、到位，一定要落步於對方前腿後側，目的是牽拌住其下肢，為摔倒敵人打下伏筆。上步、轉身動作要與雙手的擒拿動作配合協調，整個動作聯貫、完整、一氣呵成。

【技術應用 2】

(1) 實戰中，敵人右手直握短刀，由正面發動突刺，刀尖直逼我胸部（圖 7-3-6）。

圖 7-3-6

(2) 在敵人刀尖即將抵近時，我身體迅速向右側轉動，及時躲閃刀鋒的同時，左臂向前伸展，以小臂尺骨為力點自左向右磕抵對方右小臂外側，以化解其進攻鋒芒，改變其進攻路線（圖 7-3-7）。

(3) 旋即，左臂屈肘內旋，左手順勢向下扣抓住對方右手腕部，同時以右手直拳狠狠擊打敵人頭部（圖 7-3-8）。

圖 7-3-7

圖 7-3-8

(4) 擊打動作結束後，左手攥緊對方右手腕用力外旋，右手順勢抓握住其右拳拳面部位（圖 7-3-9）。

(5) 動作不停，在雙手控制住敵人持刀手臂的前提下，猛然抬起右腿，以右腳腳背為力點向

圖 7-3-9

285

前彈踢對方襠部，同時，左手攬緊對方右腕用力向懷中拉扯，右手配合左手動作向前推頂其右拳拳峰與拳背位置，以令其右手腕關節造成挫傷（圖7-3-10）。

圖 7-3-10

(6) 繼而，右腳落步，在對方右手放鬆對短刀刀柄握持力度的瞬間，我右手順勢將短刀刀柄由敵人右手心中摳出、攬住，搶奪過來（圖 7-3-11、圖 7-3-12）。

圖 7-3-11

圖 7-3-12

【技術要領】

躲閃刀鋒的動作一定要快，左臂的磕抵要準確有力，並且要始終黏貼在對方右臂上，予以牽制，這樣可以有效地防止對方發動連續的攻擊。隨後左手的抓握動作要及時準確，右拳無論是否擊中目標，都要立即抓住對方右手拳面部位，且一定要有向前推送的意識，推的動作脆快，可以令其手腕挫傷。右腳的踢擊可以是連續的，直至其徹底屈服。

搶奪刀柄時，要雙手協同動作，對方右手稍有鬆懈，就應立刻將刀柄從其手心中摳出，切勿錯過時機。

【技術應用3】

(1) 實戰中，敵人左手直握短刀，由正面逼近，準備發動突刺（圖 7-3-13）。

(2) 在對方刀尖逼近的一剎那，我身體迅速向右側轉動，及時躲閃刀鋒的同時，左臂向前伸展，以小臂尺骨為力點自左向右磕抵對方左小臂內側，以化解其進攻鋒芒，改變其進攻路線（圖 7-3-14）。

圖 7-3-13

圖 7-3-14

(3) 旋即，右手順勢抓住對方左側肩頭，左臂迅速向前揮舞，以左拳拳輪為力點劈砸捶擊敵人面部，予以重創（圖 7-3-15）。

(4) 動作不停，右手沿其左臂向後滑動，順勢捋抓住其右手腕部，左拳無論是否擊中目標，都立

圖 7-3-15

即扣抓住對方左側肩頭，雙手用力向懷中拉扯的同時，飛起右腳，猛踢對手襠部要害（圖 7-3-16）。

(5) 繼而，在對方遭受重創，陣腳混亂的情況下，右腳落步，右臂屈肘外旋，右手用力向外翻擰對方持刀手臂

（圖 7-3-17）。

（6）緊接著，在右手用力向回拉扯的同時，左手以掌跟為力點向前下方推頂對方左拳拳峰與拳背位置，以令其左手腕關節造成挫傷（圖 7-3-18）。

圖 7-3-16

（7）在對方左手放鬆對短刀刀柄的握持力度時，左手順勢將短刀刀柄由對方左手心中摳出、攥住，搶奪過來（圖 7-3-19）。

圖 7-3-17

圖 7-3-18

圖 7-3-19

【技術要領】

躲閃刀鋒的動作一定要快，左臂的磕抵要準確有力。在隨後的一系列攻擊動作過程中，右手要始終牢牢牽制住對方持刀手臂，切勿令其抽脫。右腳的踢擊動作可以是連續的，直至對方徹底屈服。右腳落步後，右手務必攫緊對方左手手腕，翻擰的同時用力回拉。左手推頂其左拳的動作要與右手回拉動作同步進行，左右手配合協調，同時發力，才能將其手腕挫傷。對方左手稍有鬆懈，就應立刻將刀柄從其手心中摳出，實施搶奪。

二、防禦短刀劈刺

【技術應用 1】

(1) 實戰中，敵人右手握短刀，自上而下朝我上盤劈刺，瘋狂兇狠（圖 7-3-20）。

(2) 我迅速向右側閃身，及時躲避刀鋒，同時左腳向前快速上步，右手由對手持刀手外側擋抓住其腕部（圖 7-3-21）。

圖 7-3-20

圖 7-3-21

(3) 幾乎同時，左手前伸，牢牢抓住對手右臂肘關節部位（圖7-3-22）。

(4) 隨即左手用力向懷裡攬拉，右手則用力向前下方推壓其右手腕，控制其持刀手臂的同時，改變短刀運行路線，使刀尖刺向對手自己的腹部（圖7-3-23）。

圖 7-3-22

圖 7-3-23

【技術要領】

面對來勢兇猛的刀鋒，要及時躲避其鋒芒，準確抓拿其腕部。左手拉肘與右手推壓動作要步調協調一致。

【技術應用 2】

(1) 實戰中，我與手持凶器的敵人正面遭遇，對方主動出擊，右手握短刀，自上而下對我實施劈刺，來勢兇猛，形勢危險（圖7-3-24）。

(2) 我右腳迅速向前逼近一步，向左轉身，敏捷躲閃敵人凶器，右臂屈肘，以小臂為力點向上迎截對手持刀手臂腕部（圖7-3-25）。

(3) 緊接著，左臂屈肘水平揮舞，以手掌食指一側為

力點圈砍對手右臂肘窩部位，右臂配合用力向前下方按壓，以令對方臂肘屈服（圖 7-3-26）。

圖 7-3-24

圖 7-3-25

圖 7-3-26

（4）隨即，我右手抓握住敵人右手腕部，左手順勢抓握住自己右手腕部，形成對其持刀手臂的絕對控制（圖 7-3-27）。

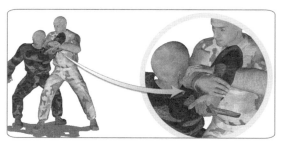

圖 7-3-27

(5) 上動不停，身體猛然左轉，右腿挺直，雙臂協同動作，瞬間向左下方拉帶，令其疼痛難忍而脫手丟刀，上下肢協同動作可將敵人摔倒在地，束手就擒（圖 7-3-28）。

圖 7-3-28

【技術要領】

雙手配合協調，整個動作聯貫、脆快，一氣呵成。雙手鎖控敵人持刀手臂的同時，身體要配合向左轉動，注意下肢對其身體重心的破壞，瞬間可導致對方摔倒。

圖 7-3-29

【技術應用 3】

(1) 實戰中，我與手持短刀的敵人正面遭遇，對手右手反握短刀，由我正面自上而下朝我上體劈刺，瘋狂兇狠（圖 7-3-29）。

(2) 在對方快速上步，揮刀發動攻擊的一剎那，我左腳迅速向前上步，右腳向後蹬地，同時抬起左臂，屈肘以小臂尺骨為力點向左上方格擋對方右小臂內下側，以化解其攻勢，右手順勢向前伸展，以右拳拳根為力點猛推敵人

下頜部位（圖 7-3-30）。

（3）動作不停，左手順勢抓握住敵人右臂腕部，攥緊並向前推送，右手抓住對方右側肩頭，配合左手動作向懷中拉扯，同時身體重心前移，右腿屈膝提起，隨身體重心的移動猛然向前上方衝撞，以膝蓋為力點攻擊對方襠腹部，予以重創（圖 7-3-31、圖 7-3-32）。

圖 7-3-30

圖 7-3-31

圖 7-3-32

（4）攻擊動作結束後，右腳迅速向後撤步移身，左手攥緊對方持刀手腕順勢外旋翻擰，用力向懷中拉扯（圖 7-3-33）。

（5）隨即，右手立即抓握住住對方右拳拳面部位（圖 7-3-34）。

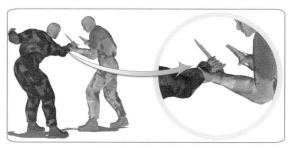

圖 7-3-33

圖 7-3-34

(6) 然後，在左手用力向回拉扯的同時，右手以掌跟為力點向前下方推頂對方右拳拳峰與拳背位置，以令其右手腕關節造成挫傷（圖 7-3-35）。

(7) 緊接著，在敵人右手放鬆對短刀刀柄的握持力度時，右手順勢將短刀刀柄由對方右手心中摳出、攥住，搶奪過來（圖 7-3-36、圖 7-3-37）。

圖 7-3-35

圖 7-3-36

圖 7-3-37

【技術要領】

左臂格擋的同時，右手要迅速出擊，左右臂動作需配合協調，藉助左腳向前上步的動勢，右掌推撐攻擊可以令其下頜遭受重創。

左小臂觸及對方右臂的瞬間，左手迅速下壓、捋抓、翻擰，令其刀鋒遠離自己，切勿錯過時機，這樣可以有效避免對方再次發動攻擊。

身體後撤時，左手務必攥緊對方右手手腕，並用力回拉。右手推頂其右拳的動作要與左手回拉動作同步進行，左右手配合協調，同時發力，才能將其手腕挫傷。對方右手稍有鬆懈，就應立刻將刀柄從其手心中摳出，實施搶奪。

三、防禦短刀擺刺

【技術應用 1】

(1) 我與敵人不期而遇，對方右手持凶器短刀，針對我身體實施擺刺（圖 7-3-38）。

(2) 我右腳迅速向前邁進一步，儘量靠近對方，並用左掌自內向外格擋對方持刀右手腕部，阻止其刀鋒運行，同時右手抓住對方右側肩頭（圖 7-3-39）。

圖 7-3-38　　　　　　　　　　圖 7-3-39

　　(3) 緊接著，我左腳向前上半步，將身體進一步靠近對方軀體，左手自其腋下插入到其右肩後側、屈肘上抬，右手順勢抓住左手腕部，以雙臂環控住對方右肩臂（圖 7-3-40）。

　　(4) 繼而，我右腳向右後方撤步，身體迅速右後轉，右手向身體右後方側拉左手腕，左臂肘關節向上抬對方右上臂，小臂下壓其肩部，雙手協同動作瞬間將其摔倒（圖 7-3-41）。

圖 7-3-40

　　(5) 在敵人倒地瞬間，我雙腿隨之屈膝下跪，身體前俯，以左肩向前頂住對方右臂肘，雙手合力下壓其右肩，以鎖控其右肩臂（圖 7-3-42）。

　　(6) 敵人倒地後，我可以用右手迅速翻擰其右手手背，迫使其鬆手丟刀（圖 7-3-43）。

　　(7) 繼而，在占據優勢的情況下，

圖 7-3-41

要迅速對右手臂肘其實施拿控，令其徹底屈服（圖 7-3-44）。

圖 7-3-42

圖 7-3-43

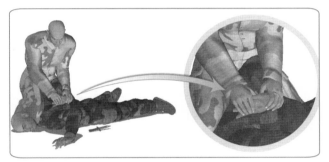

圖 7-3-44

【技術要領】

插腋抓腕速度要快，動作準確，抓、拉、提、壓一系列動作要求聯貫協調。鎖控其肩部時，身體重心要前移，配合發力。敵人倒地後，我雙腿要迅速屈膝下跪，並用雙膝頂住其頭部和上體，令其牢牢貼俯於地面，防止其就地翻滾。地面奪刀與控制敵人的時候，要始終將其的右手手臂夾於我兩大腿之間，最終可以用右膝跪壓住對方的脖頸，使其頭、肩、腰、臂、肘均被牢牢控制，無半點反抗機會。

【技術應用 2】

(1) 實戰中，敵人右手握持短刀展開擺刺，攻擊我腰肋部（圖 7-3-45）。

(2) 我迅速閃身躲避刀鋒，同時揮擺左臂、用左手向外格擋敵人持刀手臂內側，以化解其攻勢（圖 7-3-46）。

圖 7-3-45

(3) 繼而，伸出右手扣抓住敵人右肘外側，用力向懷內拉扯（圖 7-3-47）。

圖 7-3-46

圖 7-3-47

(4) 隨即身體猛然右轉，左臂屈肘內旋，纏繞扣壓對方右臂肘，左拳扣緊其右肘關節外側（圖 7-3-48）。

(5) 在左臂牢牢控制住敵人持刀手臂的同時，右拳自上而下狠狠捶擊敵人後腦或後頸部位（圖 7-3-49）。

(6) 緊接著，在牢牢控制住敵人持刀手臂的前提下，還可以提腿、屈膝，以右腿膝蓋為力點衝頂對方腹部，予以連續打擊（圖 7-3-50）。

圖 7-3-48

圖 7-3-49

圖 7-3-50

【技術要領】

控制敵人持刀手臂是關鍵所在，在控制過程中，注意掌握分寸，防止其刀鋒觸及我要害。之後的打擊要聯貫、迅猛，令對手無半點喘息之機。

四、防禦短刀挑刺

【技術應用 1】

(1) 實戰中，敵人右手握短刀，突然衝過來，自下而上挑刺我腹部（圖 7-3-51）。

(2) 我迅速低頭收腹，避讓刀鋒，同時雙手於腹前交叉重疊成 X 形狀，向下截擋對方右手腕部，以化解其攻勢（圖 7-3-52）。

圖 7-3-51　　　　　　　　圖 7-3-52

　　(3) 繼而，上體前移，靠近對方身體，右手順其手臂向上移動至其肘關節後方，並用力扳拉，左手緊貼對方手腕向外、向上推撐（圖 7-3-53）。

　　(4) 緊接著，右手用力向右扳折對方右臂肘，同時左小臂向對方背部上方提拉其右小臂，令其臂肘彎曲，達到控制其持刀手臂的目的（圖 7-3-54）。

圖 7-3-53　　　　　　　　圖 7-3-54

　　(5) 隨即，左手抓住對方右肩部位，右手抓住左手腕部，雙手合力向右下方旋壓，同時身體向右擰轉，雙腿屈膝下蹲，身體重心下沉，將敵人制服在地（圖 7-3-55）。

圖 7-3-55

（6）敵人倒地之後，我雙腿迅速屈膝下跪，右腿牢牢壓住對方頸部，令其無法滾動，雙手一併翻擰其持刀手腕，令其徹底屈服（圖7-3-56）。

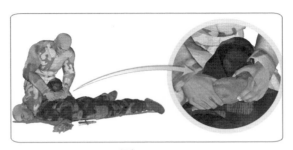

圖 7-3-56

【技術要領】

　　雙手攔截敵人持刀手腕的動作要迅速、準確、有力，之後的一系列擒鎖控制動作要聯貫、協調。

圖 7-3-57

【技術應用2】

　　（1）實戰中，敵人右手握短刀，突然衝過來，自下而上挑刺我腹部（圖7-3-57）。

　　（2）我迅速低頭收腹，避讓刀鋒，同時雙手於腹前交叉重疊成 X 形狀，向下截擋敵人右手腕

圖 7-3-58

部，以化解其攻勢（圖7-3-58）。

(3) 繼而，左手迅速抓住對方右手腕部，同時右手自下而上托抓住其右手手背，針對其右手實施鎖拿（圖7-3-59）。

(4) 鎖拿時，用雙手拇指扣按對方右手手背，雙手小指外側扣壓其右手手腕內側，可以令其右手產生劇痛，同時可以腳攻擊對方襠部（圖7-3-60）。

圖7-3-59

圖7-3-60

圖7-3-61

(5) 進一步，以雙手一併向左側翻擰對方右手，使其腕關節錯位，被迫放棄對短刀的握持（圖 7-3-61）。

【技術要領】
　雙手攔截對方持刀手腕的動作一定要準確、到位，這是之後一系列攻擊和控制技術能夠有效發揮的前提。雙手針對對方持刀右手的鎖拿與翻擰，要求動作聯貫，自然流暢。

【技術應用 3】
　(1) 雙方交手，敵人右手正握短刀，由我正面進攻，自下而上挑刺我腹部（圖 7-3-62）。

圖 7-3-62

　(2) 我左手迅速自上而下抓握住對方右手腕部，並用力向左外側拉扯，使其刀鋒遠離自己身軀。幾乎同時，身體重心向前過渡，用右手手指針對敵人頭部或者脖頸實施猛烈戳擊（圖 7-3-63）。

　(3) 隨即，左手向上提拉對方右臂，右手配合左手動作，順勢抓握住對方右手拳面部位，用力向前推頂（圖 7-3-64）。

　(4) 動作不停，身體猛然向

圖 7-3-63

左轉動，雙手牢牢控制住對方右手，隨身體的轉動一併向左側捲撐，左手向左側拉扯，右手向前推頂，令其右臂腕、肘關節遭受挫傷，產生劇痛（圖7-3-65）。

(5) 周身協調動作，瞬間可以將敵人制服於地面（圖7-3-66）。

圖 7-3-64

圖 7-3-65

圖 7-3-66

圖 7-3-67

（6）繼而，可以抬起右腳，對其上體胸肋部實施踩踏（圖 7-3-67）。

【技術要領】

左手抓握敵人持刀手腕一定要牢固，右手攻擊動作要迅捷兇狠。隨後右手抓住對方右手拳面部位時，一定要有向前推送的意識，推的動作脆快，可以令其手腕挫傷。雙手翻捲敵人右手的動作，應該以身體轉動帶動為之，動作要協調順暢，乾淨俐落，瞬間發力足可以將對方手腕擰斷，從而令其撒手丟刀。

需要注意的是，當敵人躺倒在地以後，即便其右手已經不再掌控著短刀，我的雙手仍然要始終控制住他的右手不放，為進一步的反擊奠定好基礎。

【技術應用 4】

(1) 雙方交手，對手右手正握短刀，由我正面進攻，自下而上實施挑刺（圖 7-3-68）。

(2) 在短刀迫近的一剎那，我迅速伸出左臂，以小臂尺骨為力點向左側下方阻格對方右小臂腕部，同時右手順勢向前伸展，以右拳拳面和拳峰直擊對方下頜或者面門（圖 7-3-69）。

(3) 動作不停，身體重心向前過渡，左腳向前逼近，左臂

圖 7-3-68

順勢內旋向前上方屈肘圈攬
對方右臂，左手扣腕，牢牢
控制住對方右肘關節外側，
令其右臂緊緊貼靠於我胸
前，右手配合抓住其右肩頭
用力向懷中拉扯對方上體，
迫使其儘量靠近自己，旋即
右腿迅速屈膝提起，以膝蓋
為力點向前猛撞對方襠腹部
（圖 7-3-70、圖 7-3-71）。

圖 7-3-69

圖 7-3-70

圖 7-3-71

(4) 攻擊動作結束後，右腳向後落步，身體略左轉，左
臂攬緊對方右臂，右臂屈肘內旋，以右手扣抓住對方右手
拳面部位（圖 7-3-72）。

(5) 然後，身體猛然向右擰轉，右手抓住對方持刀手
拳面順勢向右側翻擰，令其產生劇痛（圖 7-3-73、圖 7-3-74）。

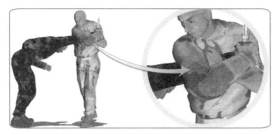

圖 7-3-72

圖 7-3-73

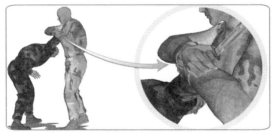

圖 7-3-74

(6) 動作不停，左手立即掐住對方右手手腕，配合右手動作，用力向前推送翻擰（圖 7-3-75）。

(7) 繼而，在對方右手放鬆對短刀刀柄握持力度的瞬間，我右手順勢將短刀刀柄由對方右手心中摳出、攥住，搶奪過來（圖 7-3-76）。

307

圖 7-3-75

圖 7-3-76

【技術要領】

　　左臂阻格敵人持刀手臂時，肘部要儘量下沉，以創造更大的防禦空間。上體要略前俯，使胸腹部儘量拉開與刀鋒的距離。左臂的阻格動作與右手出拳動作要同步進行，步調一致。右拳擊打對方無論是否擊中目標，都要迅速抓住其右側肩頭，控制住其右側上肢，並用力將其拉近自己。左臂屈肘要牢牢控制住對方持刀手臂，切勿令其抽脫，右腿膝蓋撞擊對方襠腹部的動作要藉助身體重心向前移動的衝力順勢而為。

　　撞膝動作可以連續出擊，直至對方徹底屈服。支撐腿則要略微彎屈，以保持身體的平衡穩定。

　　搶奪短刀時，右手一定要在牢牢抓握住其持刀手拳面

部位，身體翻轉時，左手立即掐住其右手腕，雙手協同動作，利用身體的轉動之勢翻擰其手臂。對方右手稍有鬆懈，就應立刻將刀柄從其手心中摳出，實施搶奪。

五、防禦短刀劃割

【技術應用 1】

(1) 實戰中，敵人右手正握短刀，高高舉起，由我正面逼近，準備實施攻擊（圖 7-3-77）。

(2) 敵人突然右腳上步前衝，揮舞右臂，持短刀自外向內朝我頭頸部劃割攻擊，我迅速伸展左臂，屈肘以小臂尺骨為力點向左上方格擋對方右小臂內下側，以化解其攻勢，同時右拳順勢向前攻出，以拳面和拳峰為力點直擊對方下頜或者面門（圖 7-3-78）。

圖 7-3-77　　　　　　　　　圖 7-3-78

(3) 動作不停，左手外旋，順勢抓握住對方右手腕部，攥緊並向前推送，右手抓住對方右側肩頭，配合左手動作向懷中拉扯，同時身體重心前移，右腿屈膝提起，隨

身體重心的移動猛然向前上方沖頂，以膝蓋為力點攻擊對方襠腹部，予以重創（圖 7-3-79、圖 7-3-80）。

圖 7-3-79

圖 7-3-80

(4) 攻擊動作結束後，右腳迅速向後撤步移身，左手攥緊對方持刀手腕順勢外旋翻擰，用力向懷中拉扯（圖 7-3-81）。

(5) 在左手用力向回拉扯的同時，右手以掌跟為力點向前下方推頂對方右

圖 7-3-81

拳拳峰與拳背位置，以令其右手腕關節造成挫傷（圖 7-3-82）。

(6) 緊接著，在敵人右手放鬆對短刀刀柄的握持力度時，右手順勢將短刀刀柄由對方右手心中摳出、攥住，搶奪過來（圖 7-3-83、圖 7-3-84）。

圖 7-3-82

圖 7-3-83

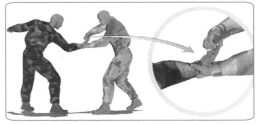

圖 7-3-84

【技術要領】

左臂磕抵敵人右臂，化解其進攻勢頭後，要迅速抓住其手腕，並牢牢攥緊，令其刀鋒遠離自己，防止其再次揮舞短刀發動連續攻擊。右腿起膝攻擊時，左腿略微彎曲，注意保持自身重心的平穩，沖頂動作可以是連續的。右腳落步後，左手務必攥緊對方右手手腕，翻擰的同時用力回拉。右手推頂其右拳的動作要與左手回拉動作同步進行，

左右手配合協調，同時發力，才能將其手腕挫傷。

對方右手稍有鬆懈，就應立刻將刀柄從其手心中摳出，達到搶奪短刀之目的。

【技術應用 2】

(1) 敵人右手正握短刀，高高舉起，由我正面逼近，準備實施攻擊（圖 7-3-85）。

(2) 敵人突然揮舞右臂，持短刀自外向內朝我頭頸部劃割攻擊，來勢兇猛，我身體重心迅速向後移動，上體後仰，及時避讓刀鋒（圖 7-3-86）。

圖 7-3-85   圖 7-3-86

(3) 待對方右手短刀由外向內的劃割動作攻擊落空，正準備內旋手腕再次由內向外反臂劃割時，我迅速向前移動重心，左腳向前逼近，身體右轉，同時雙臂向前伸展，以小臂尺骨為力點自左向右一併磕抵對方右小臂外側，以阻截其攻擊動作（圖 7-3-87）。

(4) 旋即，左臂內旋，左手順勢向下扣抓住對方右手腕部（圖 7-3-88）。

(5) 左手攫住對方右手手腕，儘量向前推送，令其刀鋒遠離自己，靠近對方自己身體，同時身體左轉，右腳蹬地，右手握拳直擊對手頭部（圖 7-3-89）。

圖 7-3-87

圖 7-3-88

圖 7-3-89

(6) 緊接著，左手攫緊對方右手腕使勁向外翻轉，並用右手抓握住其右拳拳面部位猛然向前推送，以令其右手腕關節造成挫傷（圖 7-3-90）。

(7) 繼而，在對方右手放鬆對短刀刀柄的握持力度時，右手順勢將短刀刀柄由對方右手心中摳出、攫住，搶奪過來（圖 7-3-91、圖 7-3-92）。

圖 7-3-90

圖 7-3-91

圖 7-3-92

【技術要領】

　　向後仰身的動作要及時、敏捷，避讓過刀鋒後迅速展開反擊，雙臂向前伸展需同時動作，一併磕抵對方右小臂外側，才能起到成功阻截對手二次攻擊的作用。右手直拳

攻擊對手頭部時，一定要藉助身體轉動和後腳蹬地動作所產生的力量，順暢出擊。

打擊動作結束後，左手務必攥緊對方右手手腕，翻擰的同時用力回拉。右手推頂其右拳的動作要與左手回拉動作同步進行，左右手配合協調，同時發力，才能將其手腕挫傷。對方右手稍有鬆懈，就應立刻將刀柄從其手心中摳出，從而順利完成搶奪短刀之目的。

六、防禦短刀挾持

【技術應用 1】

(1) 敵人由背後突然貼近，用左手抓住我左側肩頭，右手正握短刀由後向前伸展，將刀刃抵架於我頸前，實施威脅（圖 7-3-93）。

(2) 我迅速用右手扣抓住對方右手腕部，左手配合，一併用力向下拉扯，儘量使其刀鋒遠離自己脖頸（圖7-3-94）。

圖 7-3-93

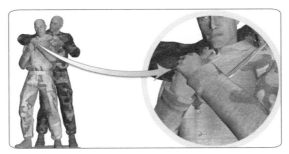

圖 7-3-94

(3) 旋即，猛然向後仰頭，以後腦狠狠撞擊對手面門，可令其瞬間鼻口躥血（圖 7-3-95）。

(4) 緊接著，身體重心下沉，雙手在牢牢控制住對方右手腕的前提下，上體前俯，身體左轉，右肩隨身體轉動擠頂對方右肘關節部位，同時左肩由對方右側腋下翻轉出來（圖 7-3-96）。

圖 7-3-95   圖 7-3-96

(5) 動作不停，身體繼續左轉，頭頸由對方右腋下順利脫出後，雙手順勢攬抱住其持刀手臂肘關節部位，同時身體重心上提，右腿屈膝抬起，以右膝蓋為力點向前上方頂撞對方腹部（圖 7-3-97）。

【技術要領】

敵人將刀置於我頸前時，雙手要立即將其持刀手腕向下拉動，讓刀鋒

圖 7-3-97

儘量遠離咽喉。身體的翻轉動作要快，右肩隨身體轉動擠頂對方右肘關節部位時，雙手務必要牢牢控制住對方右手腕部。整個動作要聯貫協調，一氣呵成。

【技術應用 2】

(1) 敵人由背後突然貼近，用左手抓住我左側肩頭，右手正握短刀由後向前伸展，將刀刃抵架於我頸前，實施威脅（圖7-3-98）。

(2) 我迅速用雙手扣抓住敵人右小臂，並用力向下拉扯，儘量使其刀鋒遠離自己脖頸（圖7-3-99）。

(3) 旋即，上體猛然向前俯身，雙手使勁向下拉扯敵人右臂的同時，臀部向後上方撅起，撬動對方的腹胯部位，周身協調發力，瞬間將敵人由背後摔至身前（圖7-3-100、圖7-3-101）。

圖 7-3-98　　　　圖 7-3-99

圖 7-3-100

(4) 敵人被摔倒後，我可以用右手拳頭連續擊打敵人面部（圖 7-3-102）。

【技術要領】

向前俯身時，雙腿要蹬地發力，配合臀部上翹的力量，才可以成功將敵人摔倒至體前，整個動作過程要聯貫協調，發力順暢。

圖 7-3-101

圖 7-3-102

第8章

防禦槍械威脅

槍械，是一種殺傷性極強的武器，在戰鬥過程中，它已經成了用來制服和消滅敵人的最簡捷的手段。現在世界上許多國家的恐怖分子也都選擇槍械作為凶器，尤其是隱蔽性強、便於攜帶的手槍。

事實上，在現代反恐戰爭中，特種兵和防暴警察們經常會與持槍歹徒對峙。防禦槍械威脅是特種兵日常訓練的重中之重，因為身分的特殊性，特種兵面對槍械威脅是家常便飯。於是，世界各國的反恐菁英們，都要專門學習徒手奪槍技能，並進行有針對性地訓練。比如美國的「海豹突擊隊」、法國的「紅色貝雷帽」、以色列的「紅魔特戰隊」、中國的「雪豹突擊隊」等，都有一套自成體系的「奪槍教程」，足見其重要性所在。英國皇家特種部隊也對奪槍技術格外重視。

SAS 的徒手奪槍技術是一套系統的、穩定的格鬥技術，特點鮮明，基本源於美國海豹突擊隊的 MCMAP 和以色列特種部隊的 KRAV MAGA 格鬥體系。被世界格鬥界公認為優秀的徒手繳械實戰自衛術，極具權威性，因為它的所有技術和策略都是在實戰中得到過無數次驗證的。熟練掌握，能夠讓你在技戰術上提升到一個新的境界。

第一節 ▶ 防禦槍械威脅的基本原則

就像地球上每一種生物都有自己的進化過程一樣，格

鬥術也是在不斷的自我發展中得到完善的。在遠古的石器時代，穴居的野人們在遭到野獸的襲擊時，就會本能地揮舞棍棒進行自衛，這其實就是最原始的格鬥術。在鐵器時代，人們針對刀劍一類武器的出現，也制訂出相應的防禦戰術，以應對威脅和挑戰。

當人類戰爭由冷兵器時代邁進熱兵器時代之後，槍支的誕生，改變了戰爭的形式，無疑也將格鬥技術帶進了一個嶄新的時代，針對槍支威脅的防禦與反擊技術也應運而生。

由於槍械的特殊性所在，也就決定了奪槍技術的特殊性。

當遇到暴徒行兇時，如果你曾經經過嚴格的格鬥技術訓練的話，就基本能夠做到自我保護、免遭傷害，但是當你遭遇的是手持槍械的恐怖分子的時候，僅僅掌握格鬥技術是很難應付眼前局面的，你還需要具備一定的戰術理論和防禦技巧，而這種理論與技巧是在一般的格鬥學校裡學習不到的。

搶奪子彈上膛的槍械，無疑是一場生死決鬥，必須與之鬥智、鬥勇、鬥技。SAS 的格鬥教官告訴我們，面對恐怖分子或者暴力罪犯，我們要想成功實施徒手奪槍技術，必須掌握並遵循以下的基本原則和程序（表一）。這些被上升到理論層面的東西，都是前人用血液和汗水總結出來的。

一、佯裝順從

奪槍，要具備豐富的實戰經驗、良好的身體素質和心

理素質。在受到槍支威脅時，要選擇適當的技戰術來擺脫困境，如果你擁有一定的魄力和謀略，你就會信心倍增，那麼你離勝利就只有一步之遙了。

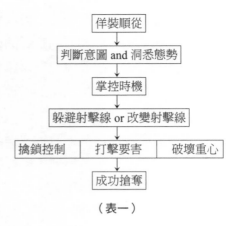

（表一）

首先，作為一名特種兵你必須具備不屈不撓的意志品格。贏得一場生死決鬥是需要超凡的鬥志和激情的，你要爆發內心的小宇宙，賜予自己無窮的力量和勇氣，瞬間變化成一頭威猛凶殘的雄獅，而不再是一位彬彬有禮的紳士。你要在心理和生理上做好充分的準備。

但是，實踐證明，單單擁有勇氣和魄力，是無法與黑洞洞的槍口對決的，你還必須擁有足夠的智慧。

當敵人持槍威脅你，命令你舉起雙手，或者脅迫你跟隨他轉移時（捉俘虜、做人質），你首先要做的是佯裝順從，在時機還不成熟的情況下，萬萬不可貿然行事。當你受到挾持時，大多數攻擊者是想由武力威脅迫使你就範、屈從，然後和你或者他人進行談判，以達到他的戰略目的，並不是要置你於死地，他只是不希望你進行反抗，免得給他帶來更多的麻煩，擾亂他的計畫。在這種情況下，你只能假意順從，表現出願意合作的態度，然後顫抖著緩緩舉起雙手，由假裝害怕來麻痺對方（圖 8-1-1）。

這樣會令敵人覺得你是個新兵，或者是名不副實的慫

貨，你的確非常恐懼。他會認為沒有任何威脅，勢必會減少對你的警惕性與戒備心。只有讓對方精神放鬆、注意力分散的前提下，你才有可能找準機會並採取行動。槍械會使敵人擁有極強的安全感，特別是在你流露出對它的恐懼表情之後。

圖 8-1-1

注意：恐懼一定是偽裝出來的，如果在你心底真正產生了恐懼，那就徹底完蛋了。

二、判斷意圖

格鬥專家鄭重提醒您，面對槍口，如果你是一名身經百戰的特種戰士或者特情人員，絕對不能坐以待斃，你應該從容面對，尋找戰機，設法奪槍，堅決反擊。但是，這並不意味著你可以不計後果地義氣用事，孤注一擲。

如果你僅僅是一名手無寸鐵的普通民眾，即便你接受過一些自衛防身方面的嚴格訓練，依然建議你不要輕舉妄動。否則，局面將更糟，反抗的結果很可能是白白送死。

在槍口指向你的情況下，取勝的關鍵在於把握時機，你一定要瞭解敵人在此生死關頭的心理特徵，即意圖何在。掌握敵人的真實意圖，你才能抓住他的破綻，瞭解他的弱點，才有機會扭轉局面。

如果敵人襲擊你的目的非常單純，就是要迅速、簡單地消滅你，他會徑直走近你，在槍支射程之內毫不猶豫地

開槍射擊，沒有任何畫蛇添足的恐嚇之辭。那麼你只能寄希望於他的槍術不精或者子彈卡殼，任何防禦與躲閃動作都將是徒勞，哪怕你眼觀六路、耳聽八方，也無濟於事，你終將難逃厄運。

然而現實生活中，那些用槍頂住別人腦袋的傢伙其實並不完全想殺人，大多只是想嚇唬人，達到恐嚇的效果。他們的真正意圖是想將你逼到走投無路的境地，然後拿走他想要的東西，或者將你帶到其他地方索取額外的利益。

如果對方真是衝著你手腕上的名表和鼓囊囊的錢包而來的，那最明智的賭注就是束手就擒，微笑著交出錢包和所有的貴重物品，給這傢伙他想要的一切，切勿捨命不捨財，以卵擊石。

千萬不要認為屈從強敵、束手就擒是什麼屈辱的事情，這只是一種緩兵之計。當槍口頂著你的腦袋的時候，怎樣脫身才是最關鍵的問題。即便你是個會兩下子的大塊頭，也應該儘量避免把一場搶劫演變成凶殺。脫身之後你可以馬上報警，請求支援。這是現代世界各國在反恐過程中一再強調的基本原則，保存生命是第一位。

可見，在實施具體的奪槍動作之前，準確判斷出敵人的攻擊意圖，是保證動作實施的關鍵一步。

三、洞悉態勢

當你被敵人或者恐怖分子用手槍挾持時，絕對不能輕舉妄動。尤其是對於一個沒有經過專門訓練的人來說，無謂的抵抗動作，會導致對方立即扣動扳機，使你當場斃命。

實戰中，在槍口的淫威下，你要學會謹慎地觀察對手，揣度形勢，分析對手狀況，然後再選擇正確的戰略戰術採取應對措施。洞悉面臨的態勢，是選擇正確的戰略戰術的前提和基礎。只有在戰略戰術上占有絕對的優勢，才能立於不敗之地。

　　所以，此刻你一定要清楚掌握一切關於敵人與武器的訊息，如敵人的人數，槍械的型號、樣式，槍口指向的高度與角度，槍口與自己的間距，敵人持槍的姿勢，以及周圍環境、光線等等。特別要注意觀察敵人的每一個細微動作，甚至是一個眼神，要學會從敵人的眼神裡讀懂他的內心活動，判斷他是暴躁，還是緊張。

　　對槍械的防禦完全依賴於射擊的角度和距離的遠近，即槍口的指對方向與槍口距目標的距離遠近。無論子彈來自前面、側面、後面，還是子彈射向你的頭部、身體或其他目標。而且你要瞭解這樣一個基本知識，槍支的射擊方向隨時都有可能改變。

　　因此，面臨槍械威脅時，你首先要弄清敵人所處的位置，槍支指向的部位，槍口與自己身體間的距離。這些都是決定反擊成功與否的關鍵要素。

　　敵人持槍的姿勢，也是反擊能否成功的關鍵因素，要摸清對方是單手持槍，還是雙手端槍，手臂是伸直，還是彎屈。一般情況下，如果敵人意欲挾持你、準備將你帶走的話，都會用雙手端槍，如果單手持槍，一般目的是要先對你進行搜查、解除你的武裝。

　　另外，如果敵人用槍指著你的頭部，手臂一般會伸得比較直，如果槍口是指向你的胸部或者腰腹部，則持槍手

臂會略微彎曲。大多持槍者都是右手持槍，極個別「左撇子」會用左手握槍。這些都是有規律可尋的，一定要注意觀察，只有充分掌握了這些訊息，才能出奇制勝。

你要學會根據周圍的環境去判斷當前態勢，這樣你可能會少受傷害。

另外，你還需要瞭解一些槍械知識。

對於一個普通人來說，面對槍口肯定會恐懼萬分，手足無措，甚至直到聽見槍響那一刻，還沒有弄清楚到底發生了什麼，自不必奢談對槍械知識有多深的瞭解。然而作為一名特種兵、反恐戰士或者特情人員，你則需要瞭解許多關於槍械的知識，這是在你加入這個行列時就會接受的基本訓練。

知道恐怖分子所持的槍支型號，所處狀態，怎麼使用，怎麼辨別槍聲，它是怎樣被用於犯罪的。比如左輪手槍（圖 8-1-2），子彈是裝在彈輪中的，從正面就可以窺視到其中是否裝載了子彈。而半自動手槍的子彈是裝在彈夾內的（圖 8-1-3），僅憑槍上是否安裝了彈夾是不能確定有無子彈的，因為構造的原因，即便退下了彈夾，手槍內也有可能存在一發上了槍膛的子彈。

另外，左輪手槍只要扣動扳機就可以完成擊發，而半自

圖 8-1-2

圖 8-1-3

動手槍還受到保險桿的制約，只有鬆開保險桿才能擊發。掌握這些細小的知識，對於成功實施奪槍是有益處的。

之後，你才有可能正確判斷出對面的敵人手裡拿的到底是不是一把真槍，槍支當前所處的狀態，以及它的威力有多大。

瞭解槍械知識是解除槍支威脅的基礎，更多的瞭解各種槍械的特性，不僅有助於奪槍技術在實戰中的有效發揮，同時也能不同程度地緩解你臨場時的緊張情緒。

四、掌控時機

SAS 的格鬥教官告訴你，永遠記住，挨一拳和挨一槍，結果是截然不同的。挨一拳，還可以重新反擊，而面對槍口，機會只有一次。

對槍械的搶奪，要使之僅僅停留在威脅階段，不能使敵人有扣動扳機的機會。一旦敵人扣動了扳機，對於你來說，縱有通天本領，恐怕也無力回天。所以所有防禦與反擊動作，必須在敵人射擊之前發動、實施。

據科學測試，一般大腦發出指令控制手指扣動扳機擊發子彈，需要三分之一秒的時間。你挽回生命的機會只能在這麼短暫的時間內爭取，所以你必須學會抓住機會。

要學會透過與敵人進行交談、詢問他的要求、乞求敵人饒命，來達到拖延時間、尋找機會的目的。時機不成熟時，貿然動作，無異於自尋死路。

當恐怖分子持槍逼近，由正面舉槍挾持你時，應假意順從，緩慢舉起雙手，動作幅度切勿過大，以免刺激對方。此時彼此雙方之間尚有一段距離，所以在敵人沒有採

取具體行動時，你絕對不能輕舉妄動。

　　只有當敵人進一步靠近你，並確認你由於手槍的威懾而完全處於恐懼狀態中時，對方才會放鬆警惕，你才會有機會實施反擊。

　　如果被恐怖分子由背後用手槍挾持，並命令你舉起雙手時，千萬不能轉身或者回頭觀望，否則敵人會認為你要實施反抗，可能馬上就會招致射殺。此時雖然沒有辦法瞭解敵情和掌握對方的虛實，但切勿焦急、狂躁，要保持鎮定，注意用耳朵的聆聽，以及觀察地面上敵人的身影來做出準確的判斷。

　　在這種被動局面下，一定要耐心等待機會，先佯裝恐懼，緩緩舉起雙手投降，以麻痺敵人。

　　實戰中，還有這樣一種情況，就是你與佩帶槍械的敵人不期而遇，對方意識到你的出現給他帶來了危險，於是本能地伸手掏槍，此時，你的正確選擇是立即遏制他的動作與意圖，絕對不能讓他將槍掏出來，要在槍口尚未指向你腦袋那一刻，就迅速解決戰鬥。

　　再者你還要學會創造機會。

　　在你顫抖著舉起雙手的那一刻，就應該做一些「別有用心」的舉動，為下一步進行反擊創造機會。

　　前文我們說過，當遭到槍械威逼時，應該佯裝順從，舉起雙手，其實在這個簡單的動作裡也蘊藏著許多學問。當你緩緩舉起手時，不僅是向敵人展示一個錯誤的訊息，同時也是為下一步實施反擊預埋一個伏筆。雙手舉起的高度、寬度都要根據敵人槍械所指向的位置和方向而定，應該放在一個有利於奪槍的恰當位置。

比如敵人由前方用槍指向你胸口時，你的雙手就不要舉得過高，而且還要儘量將雙手靠近敵人的槍械，使反擊更易奏效；如果敵人要是在背後用槍抵住你的後頸的話，你的雙手就要儘量舉高，以便縮短你雙手與槍械和持槍手臂的距離，便於以最短的時間來控制、改變槍械的射擊線。

有一點必須再次強調的事情，就是你必須清楚，當敵人刻意與你保持一定距離的情況下，在射程範圍內對付子彈的辦法是幾乎沒有的。唯一可行的反擊時機是當槍支的距離很近或者槍口牴觸到了你的身體時。

但是，如果敵人並沒有打算靠近你怎麼辦？你就要主動縮短與敵人的距離。

在敵人高度緊張和警惕的情況下，這並不是一件容易的事情，你的動作要表現得自然而然才行。比如，當敵人命令你「舉起手來」，你在舉手的同時，可以顫抖著雙腿將腳向後或者向前移動一步，讓對方誤認為你是因恐懼而兩腿發軟，腿腳都站不穩了。敵人位於身前，你就向前移動一步，這是拉近敵我距離的關鍵一步，也是制服敵人的致命一步；敵人位於背後，你就向後移動一步，兩腳前後站立，便於快速轉動身體躲避射擊線。總之儘量避免一動不動，兩腳儘量避免水平站立，那是相當被動的，除非是敵人由側面威脅你。

關於掌控時機，有一點要特別注意，實戰中敵人往往會做出這樣的習慣動作，就是擺動槍口，示意你做出某些動作，命令你靠牆或者轉過身去，這是最好的戰機，千萬不能錯過。

五、躲避射擊線 or 改變射擊線

談到躲避射擊線和改變射擊線的問題，首先我們要弄清楚「射擊線」這個詞的概念。簡單地說，射擊線就是指子彈從槍口射出到擊中目標這個過程中所運行的路線，槍口的指向決定射擊線的方向（圖8-1-4）。射擊線的最基本的特徵就

圖 8-1-4

是，它永遠是一條直線，子彈是永遠不會拐彎的，子彈就是沿著這條直線射入目標體內的。這也就意味著，在與持槍者交手時，只要躲避開射擊線或者改變了射擊線的指向，你就保證了自身的安全。

圖 8-1-5

躲閃與改變射擊線的方法是：

當敵人右手持槍正面挾持你

時，你應該用同側手臂自外向內擺動、擊打對方的手臂，同時身體向一側轉動躲避其射擊線（圖8-1-5）。絕對不能用異側手臂由內向外擊打，原因是你的手臂由內向外擊打時，很容易造成身體向內擰轉，對方的持槍手腕轉動餘地很大，你根本無法逃離射擊範圍（圖8-1-6）。當敵人右手握持手槍時，其向左側的瞄準動作明顯較快，而愈向右側扭動，瞄準動作愈欠靈活（圖8-1-7）。

當手槍對著你的後背時，你需要首先搞清楚敵人是用哪隻手持槍，你可略微轉頭窺視，並裝作恐懼地問「你需

要什麼」，對方會命令你做什麼或者示意你不要發出聲音。這樣做的目的不僅是為了掌握對方的持槍情況，同時起到分散敵人注意力的作用，你可以突然將身體轉向持槍的方向，用同側的手臂擊打對方持槍手臂，以改變其射擊線的方向（圖 8-1-8、圖 8-1-9）。

圖 8-1-6

愈向右側扭動，瞄準動作愈欠靈活　　向左側的瞄準動作明顯較快

圖 8-1-7

圖 8-1-8

圖 8-1-9

　　如果敵人是在背後用槍指著你的後腦，命令你舉起雙手，你可以在緩慢抬起手臂的瞬間，猛然轉體、擰身、低頭，用手臂向後上方撥擋對方手腕，以避開射擊線（圖 8-1-10、圖 8-1-11）。

圖 8-1-10

圖 8-1-11

六、擒鎖控制

子彈的射擊面比拳腳打擊的面積要小得多，特別是當槍口已經牴觸你的身體那一刻，但是子彈的運動速度和創傷能力卻是巨大的。槍支最大的危險是你隨時都有可能被子彈擊中，想像電影中描述的那樣仰身躲開飛來的子彈，那簡直是天方夜譚，也只能在那些誇張的或者科幻的影片裡才能實現。

所以，在實戰格鬥過程中，始終控制住敵人的槍械以及對方持槍的手臂，在完成搶奪之前，永遠保持主動控制的局面，是至關重要的。

事實上控制持槍手臂的關鍵部位是腕部，從某種程度上講，控制了腕關節，也就控制了手槍。

腕關節是前臂的主要關節，處於整個上肢運動鏈的游離端，持槍手的運動都是由腕關節來實現的。手腕部的運動是橈腕關節和腕骨間關節共同運動的結果，兩個關節可沿兩個運動軸共同進行運動。因此腕關節的活動範圍很大，能作前屈、後伸、內旋、外旋等運動。

控制敵人持槍手臂的正確方法是，抓握對方手腕的根

部（圖 8-1-12）。如果是
自上而下抓住敵人持槍手
腕根部，可以用虎口部位
扣壓住其槍械的擊發機部
位，使其腕關節的活動範
圍受到限制的同時無法實
現擊發。這樣做是因為如
果你離槍口太近，奪槍過
程中極易導致槍支走火。
正確的抓握，然後再向正
確的方向擰轉，就可以改
變射擊線，就可以避免槍
口直接指向你的軀體。

圖 8-1-12

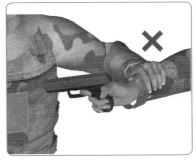

圖 8-1-13

　　容易出現的錯誤是，
抓握的位置過於靠近肘關
節（圖 8-1-13），認為抓
住對方的手腕就算控制住了手槍，這是致命的錯誤。

　　控制槍械的動作幅度越小越好，動作幅度越小，控制
目標的距離越短，達到目的的時間越快，成功率就越高。

七、打擊要害

　　奪槍過程中，針對敵人的要害部位進行有效的、致命
的打擊，這是瞬息萬變的肉搏中「一招制敵」最有效的途
徑，往往可以令對方瞬間喪失攻擊能力，比任何技術都行
之有效、立竿見影。

　　比如針對敵人頭部的重創，可導致其眩暈、昏迷；針

對心臟的重創，可導致其心絞痛、心臟脫落，如果打擊奏效的話，敵人自然也就喪失了對槍械的控制。

奪槍過程中的打擊動作要求「殺傷力」十足，出手果斷，先發制人，追求「一擊斃命」的效果。事實上，人在危急時刻的反應速度和力量的巨大，往往是超乎想像的。

要害部位主要指維持人體生命運轉與活動的重要組織器官和神經系統，以及容易遭受打擊或者擠壓而導致肌肉功能性障礙的部位。

由於人體生理結構的特殊性，在一些特定部位，內臟距體表很近，外面沒有厚實的肌肉群或充分堅實的骨骼保護，也就是我們常說的人體薄弱、要害部位。有針對性地打擊這些部位，必然會刺激該臟器豐富的神經群，造成無法忍受的劇烈疼痛，力量達到一定程度時，重者會直接損傷該臟器而危機生命，輕者也會導致其生理機制暫時或永久消失、喪失反抗能力。

打擊要害的方法也很多，如手指戳擊眼睛、用掌根擊打太陽穴、用拳鋒擊打心臟、用肘尖衝頂軟肋、用膝蓋撞擊襠部等等。

在奪槍過程中，針對要害部位的打擊，是十分必要可行的方案，打擊要害的關鍵在於實施者要熟悉掌握人體構造，瞭解哪些要害可以在實戰搏擊中起到一招斃命的效果，才能做到有的放矢。

八、破壞重心

人的身體重心平穩與否，是徒手格鬥決定勝負的關鍵，對於徒手奪槍而言，也是成功實施搶奪的重要因素之

一。如果能夠在搶奪過程中有效地破壞和打亂對方的重心平衡，就可以導致對方摔倒在地，持槍手臂在倒地狀態下的活動範圍將受到極大的限制。

當敵人的軀體處於仰躺或者俯臥狀態時，我們針對其持槍手臂的控制方法也相應增多，比如可以用腳膝踩踏，用臂肘或者身軀壓制。而且，由於突然的摔倒，往往可以給對方身體造成不同程度的創傷，因劇烈的疼痛而喪失或者減弱反抗能力。

實戰中，有效破壞敵人身體重心的方法很多，典型的包括用腳和腿別拌對方的下肢，用身體衝撞對方的軀幹，用手臂摟抱對方的脖頸等。具體實施時，可以結合本書之前章節介紹的摔跤技術靈活運用。

九、成功搶奪

在具體實戰時，搶奪槍支的動作必須迅速、果斷，如果你瞭解了如何利用人的反應時差，你就能在敵人意識到做什麼之前作出判斷，搶奪成功。這並不要求你思維多麼神速或是動作多麼嫻熟，你所需要的是先入為主地移動步伐，本能地發力、攻擊，保證戰略上的正確性。

奪槍成功後要馬上拉開與敵人的距離，以正確的姿勢持槍指向對方，以掌握主動，控制局面，因為攻擊者隨時都有可能再次從你手上把槍重新搶奪回去。這一點很重要，卻往往被人忽視。

正確持槍姿勢應該是：

雙腿略微彎曲站立，兩腳可一前一後，也可以平行站立，重要的是身體的重心一定要保持平穩，以便隨時向任

何方向移動，身體自臀部以上略微前俯，雙臂伸直，水平將手槍端起，手槍、手腕、小臂、大臂、肩膀要渾然一體（圖 8-1-14）。當改變射擊目標時，整個上體要隨著瞄準視線移動。同時強調，一定要與敵人保持一定的距離，只要將其控制在射擊範圍之內就可以。

圖 8-1-14

十、仿真訓練

和敵我雙方都是徒手進行格鬥不同的是，奪槍技術是非常特殊的，也是非常殘酷的，實戰中出現的任何失誤，敵人都絕對不會給你挽救和彌補的機會。所以，要想從容應對持槍的暴徒或恐怖分子，你除了要具備基本的格鬥素質之外，還必須進行徹底的實踐。

因為在槍支的威脅之下，你所處的是生死境地，而且幾乎所有攻擊都是動態的，沒有任何預兆就可以很容易地從一種狀態轉化為另一種狀態。

槍支在敵人的手上，隨著其動作的變化，其射擊火力線的指向與角度也在不斷改變，並且變化萬端，出現差錯也是不著邊際的。所以，反覆地進行仿真訓練是極其必要的。

平常的訓練中，可以使用「子彈在膛」的仿真槍械（水槍是不錯的選擇）。要求兩名受訓者進行各種奪槍動作演練，演練過程中要注意的是，要求持槍者在看到對手有奪槍動作就馬上口動扳機。

第二節 ▶ 手槍威脅的
防禦與反擊技術

戰場上遭受手槍威脅幾乎是家常便飯。手槍威脅可以來自身體的正面、背面和側面，細分一下，又可以分為高位威脅與低位威脅，高位威脅主要是針對頭部，低位威脅則主要針對胸部和腰腹部。來自背後的威脅主要是槍口指向後腦、後背和後腰。來自側面的威脅主要是，槍口指向太陽穴、側肋部位。根據敵人的具體站位與持槍高度，我們可以在諳熟槍械防禦的基本前提下，採用不同的防禦與反擊手段，從容應對。

一、手槍正面高位威脅的防禦與反擊

【技術應用1】

(1) 我與敵人狹路相逢，對方突然拔槍，右手持槍由正面挾持我，其槍口指向我頭部，命令我舉起雙手，並示意我跟隨其離開，我假意順從，緩慢舉起雙手（圖 8-2-1）。

(2) 趁敵人不備之際，我身體猛然向右側擰轉，身體重心左移，

圖 8-2-1

歪頭及時閃開其手槍口射擊線，同時右手向下快速抓握住敵人右手腕根部位，並用力向右方拉直其手臂，左肩隨轉體順勢頂磕其右臂肘關節外側（圖 8-2-2）。

(3) 緊接著，左臂屈肘外旋，由敵人右腋下穿過，以

337

左拳拳背為力點用力向左上方擊打敵人面門，可致其鼻口躥血（圖 8-2-3）。

圖 8-2-2

(4) 繼而，我左腳向敵人右腳前上步，用力踩踏其腳面，右手使勁翻擰敵人右手手腕，同時左臂由敵人腋下抬起，配合右手的翻擰動作，屈肘向下猛砸敵人右肩關節部位，瞬間將敵人制服在地（圖 8-2-4）。

圖 8-2-3

圖 8-2-4

【技術要領】

閃身、轉體速度要快，推抓敵人持槍手腕的部位要準

確、牢固，令其手腕無法擺動。左臂屈肘向下砸壓敵人左肩關節時，右手要用力向右後方拉扯，令其手槍脫落，同時左腳一定要控制、別絆住敵人的下肢，方可瞬間將其摔倒。

【技術應用 2】

(1) 我與敵人狹路相逢，對方突然拔槍，右手持槍由正面挾持我，其槍口指向我頭部，命令我舉起雙手，並示意我跟隨其離開，我假意順從，緩慢舉起雙手，但要刻意將肘尖放低（圖 8-2-5）。

圖 8-2-5

(2) 趁敵人不備之際，我身體猛然向左側擰轉，身體重心右移，歪頭及時閃開其手槍口射擊線。同時，左手虎口張開，快速向上托卡住敵人手槍槍管下方，右手扣抓握住其槍身後部（圖 8-2-6）。

(3) 緊接著，左手攥緊槍管，雙手牢牢控制住對方武器，協同動作，同時用力沿順時針方向搬轉搶奪其手槍（圖 8-2-7）。

圖 8-2-6

圖 8-2-7

(4) 奪下敵人手槍後，迅速撤步後退，與敵人拉開距離，雙手舉槍控制局面（圖 8-2-8）。

圖 8-2-8

【技術要領】

轉身速度要快，動作敏捷，躲閃迅速，重心移動要平穩。左手向上托卡手槍，要用虎口部位卡住槍管下方，左手向左上方推託，右手向右下方拉扯，雙手沿順時針方向翻擰，兩手要同時發力，才能達到奪槍目的。奪下對方武器後，要迅速向後撤步，與敵人拉開距離，並用敵人的手槍迅速持槍指向對方，防止其反撲。

二、手槍正面低位威脅的防禦與反擊

【技術應用 1】

(1) 敵人右手持槍由正面挾持我，其槍口指向我軀幹胸口部位，命令我舉起雙手，我假意順從，緩慢舉起雙手，但要刻意將肘尖放低（圖 8-2-9）。

(2) 趁敵人不備之際，我身體猛然向右側擰轉，及時閃開其手槍槍口射擊線，左手隨勢快速伸出，自上而下抓住敵人手槍槍管，並順勢擰轉，同時右手屈肘握拳抬起，蓄勢待發（圖 8-2-10）。

(3) 緊接著，上身再猛然左轉，右拳隨轉體狠擊敵人面部，力達拳面，令其鼻口躥血（圖 8-2-11）。

圖 8-2-9

(4) 繼而，身體向右俯身，右手回收，迅速抓握住敵人手槍槍身部位，雙手牢牢控制住敵人武器，協同動作，同時用力沿逆時針方向搬轉搶奪其手槍（圖 8-2-12）。

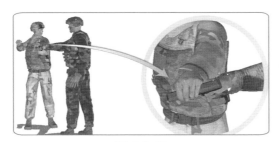

圖 8-2-10

圖 8-2-11

圖 8-2-12

(5) 奪下敵人手槍後，迅速撤步後退，與敵人拉開距離，雙手舉槍控制局面（圖 8-2-13）。

圖 8-2-13

【技術要領】

轉身速度要快，動作敏捷，躲閃迅速。左手抓握敵人手槍槍管要牢固，切勿鬆脫，同時注意控制其槍口朝向。右拳針對敵人頭部的擊打要求穩、準、狠，動作的同時左手切勿放鬆對槍管的抓握，切勿顧此失彼，要時刻牢記打擊是手段，奪槍才是最終目的。雙手搬轉搶奪其手槍時，左手向左上方用力拉扯，右手向右下方拉扯，沿逆時針方向搬轉，可迫使敵人右手鬆脫。

【技術應用 2】

(1) 敵人右手持槍由正面挾持我，其槍口指向我軀幹胸口部位，命令我舉起雙手，我假意順從，緩慢舉起雙手，但要刻意將肘尖放低（圖 8-2-14）。

(2) 趁敵人不備之際，我身體猛然向左側擰轉，及時閃開其手槍火力射擊線，右腳快速向前上步，落腳於敵人兩腿

圖 8-2-14

之間，雙腿屈膝，重心下沉，右臂屈肘隨勢向前頂撞對方胸腹部，同時左手以掌刃為力點向外磕擋對方右手腕內側（圖 8-2-15）。

(3) 緊接著，身體快速右轉，左手沿敵人左臂快速上移，牢牢抓住敵人右大臂外側，將其右臂緊緊貼靠在自己身體左前方，並用左腋夾住其肘關節部位，以控制住其持槍手臂，同時右手順勢伸入對方襠部，用力捏掐其生殖器（圖 8-2-16）。

圖 8-2-15

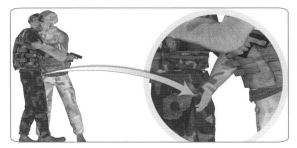

圖 8-2-16

(4) 繼而，身體前俯，右腿蹬直，向左轉體，以右腳拌住敵人下肢，以上身向前下方頂壓對方上體，右手用力向上提拉，上下肢整體發力，協同動作，瞬間將敵人撂倒在地（圖 8-2-17）。

343

(5) 敵人倒地一剎那、臀部即將著地瞬間，我右手迅速鬆開、抬起、握拳，右腿迅速屈膝，以膝蓋為力點用力向下跪壓其襠腹部，右拳隨俯身向前下方垂直捶擊，以拳面為力點擊打對方面部（圖 8-2-18）。

圖 8-2-17

圖 8-2-18

【技術要領】

轉身、上步動作要敏捷，右臂肘撞擊敵人時，肘尖要擊點準確，目標是其腹部、胃部。上下肢同時動作將敵人摺倒在地時，右手要用力向上提拉，並使勁捏其生殖器，同時注意左臂要始終控制住敵人持槍手臂。右膝下跪與右拳捶擊動作要配合協調。

【技術應用 3】

(1) 敵人右手持槍由正面挾持我，其槍口指向我軀幹胸口部位，命令我舉起雙手，我假意順從，緩慢舉起雙手，但要刻意將肘尖放低（圖 8-2-19）。

(2) 趁敵人不備之際，我身體猛然向右側擰轉，及時閃開其手槍口射擊線，左手隨勢快速伸出，自上而下扣抓住敵人持槍手腕根部上方，用虎口部位扣壓住其槍械的擊發機部位（圖 8-2-20）。

圖 8-2-19

圖 8-2-20

(3) 幾乎與此同時，右手托抓住敵人右手手掌外沿部位，拇指扣壓住其手背，左腳向後撤退一步，身體猛然左轉，雙手協同動作向前捲擰敵人右手，令其放鬆對槍械的握持（圖 8-2-21）。

圖 8-2-21

(4)緊接著，左手迅速翻腕抓握住敵人手槍槍管部位，用力向左下方掰奪，予以繳械（圖8-2-22）。

圖8-2-22

(5)奪下敵人手槍後，迅速撤步後退，與敵人拉開距離，雙手舉槍控制局面（圖8-2-23）。

圖8-2-23

【技術要領】

左手抓握敵人持槍手臂時，一定要注意控制的部位要準確，虎口部位扣壓住其槍械的擊發機部位，防止其扣動扳機。雙手控制敵人持槍手臂後，左腳要迅速後撤，同時兩手的手掌外沿用力向下拉壓，雙手大拇指用力向前扣壓其手背部位，形成捲腕之勢，瞬間可令其手槍鬆脫，為進一步的奪槍打下基礎。

【技術應用4】

(1)實戰中，我與敵人狹路相逢，對方突然拔槍，右手持槍由正面威逼、挾持我，其槍口指向我軀幹胸口部

位，命令我舉起雙手，並示意我
跟隨其離開，我假意順從，緩慢
舉起雙手，但要刻意將肘尖放低
（圖 8-2-24）。

　　(2) 趁敵人不備之際，我身
體猛然向左側擰轉，及時閃開其
手槍槍口射擊線，同時右臂屈
肘，隨轉體自右向左快速擺動，
以小臂和肘尖內側為力點磕擊敵
人持槍右手腕部內側，令其右手
臂水平位移（圖 8-2-25）。

圖 8-2-24

　　(3) 緊接著，右手迅速外旋、下沉，潛至敵人右手下
方，左手內旋，移動至敵人右手上方（圖 8-2-26）。

圖 8-2-25　　　　　　　　圖 8-2-26

　　(4) 上動不停，右手自下而上緊緊抓住敵人右手腕
部，同時左手自上而下抓握住敵人手槍槍管，雙手協同動
作，同時發力，右手向上提托，左手向下按壓、翻擰，以

347

搶奪其武器（圖 8-2-27）。瞬間動作，可輕鬆奪取成功（圖 8-2-28）。

(5) 隨即，快速移動腳步，與其拉開一定距離，雙手持槍指向敵人，令其就範（圖 8-2-29）。

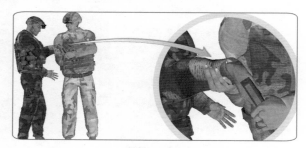

圖 8-2-27

圖 8-2-28

圖 8-2-29

【技術要領】

閃身的速度一定要快，躲開對方手槍射線是關鍵。奪槍時，雙手同時上下用力，以掰折敵人手腕，在其手腕遭受創傷時，左手要用力翻擰，才能達到奪下其武器之目的。奪下對方武器後，要迅速向後撤步，與敵人拉開距離，並用敵人的手槍迅速持槍指向對方，防止其反撲。

【技術應用 5】

(1) 敵人右手持槍由正面挾持我，其槍口指向我軀幹胸口部位，命令我舉起雙手，我假意順從，緩慢舉起雙手，但要刻意將肘尖放低（圖 8-2-30）。

(2) 趁敵人不備，我身體猛然向右側擰轉，左臂屈肘，隨轉體自左向右快速擺動，以小臂和肘尖內側為力點磕擊敵人持槍右手之手背和腕部，令其右手臂水平位移，以改變其手槍射擊線指向（圖 8-2-31）。

圖 8-2-30

圖 8-2-31

(3) 緊接著，我迅速伸出右手，自下而上抓握住敵人手槍槍管，用力向上掰擰，同時左手握拳，以拳輪為力點自上而下猛然砸擊敵人右手手腕上方（圖 8-2-32）。

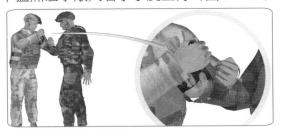
圖 8-2-32

349

(4) 雙手一併交錯用力，左拳下砸敵人手腕的同時，右手瞬間發力奪下其武器（圖 8-2-33）。

(5) 將敵人手槍繳奪之後，右手握緊槍管，順勢揮舞手臂以拳背為力點狠狠擊打敵人右側面頰或者太陽穴，或者用手槍槍柄部位擊打，令其遭受重創（圖 8-2-34）。

圖 8-2-33

（6）隨即，快速移動腳步，與其拉開一定距離，雙手持槍指向敵人，令其就範（圖 8-2-35）。

圖 8-2-34

圖 8-2-35

【技術要領】

身體右轉、左小臂磕擊敵人持槍右手之手背和腕部的目的是改變其槍口指向，及時將身體閃到其槍口射擊範圍以外，這一系列動作一定要迅速、突然，出其不意。

搶奪敵人手槍時，右手一定要牢牢抓住槍管部位，注意切勿將手堵住槍口，左手下砸動作要沉穩有力，雙手動作配合協調、步調一致。

奪槍之後的後續打擊要聯貫、兇狠，不論打擊是否奏效都要迅速持槍指向對方，並注意防範其反撲。

三、手槍背後高位威脅的防禦與反擊

【技術應用1】

(1) 敵人右手持槍由我身後挾持我，突然將其槍口抵住我後腦或者後頸，命令我舉起雙手，並命令我跟隨其離開，我假意順從，緩慢舉起雙手，但要刻意將肘尖抬高，儘量保持與肩同齊，為反擊做好準備（圖8-2-36）。

圖 8-2-36

(2) 趁敵人不備之際，我左腳向後退一步，身體猛然向左後方擰轉，左臂隨勢揮舞擺動，以掌刃為力點砍擊敵人持槍手臂，及時閃開其手槍火力射擊線（圖8-2-37）。

圖 8-2-37

(3) 緊接著，身體繼續左轉，右腳快速上步，與敵人拉近距離，同時左臂屈肘外翻，用左手抓住敵人右肘部

351

位，左腋窩夾住其持槍手腕，右手配合左手用力拍擊敵人右肩部位，雙臂協同動作以別控敵人右臂肘（圖 8-2-38）

圖 8-2-38

(4) 繼而，身體猛然左轉，重心向左移動，右腿蹬直，別住敵人右腿，控制其下肢，同時右臂屈肘，隨轉體自右向左橫掃肘，以肘尖擊打敵人頭部（圖 8-2-39）。

(5) 肘擊動作無論是否奏效，身體都要向左繼續擰轉，右手順勢攥住敵人手槍槍管，用力掰奪（圖 8-2-40）。

圖 8-2-39

圖 8-2-40

（6）敵人由於身體重心失衡，向後仰摔，我可在其倒地瞬間，揮舞敵人的手槍予以進一步打擊，以槍柄為力

點擊打敵人太陽穴（圖 8-2-41）。

圖 8-2-41

【技術要領】

別控敵人持槍手臂時，上體要略微後仰，左臂圈住其右臂肘用力向上提拉，右手用力按壓敵人右肩部位，雙臂同時動作，交錯發力，要充分利用槓桿原理，折斷其臂肘。右肘橫掃敵人頭部，以及右手抓握其手槍動作過程中，左臂始終要夾緊敵人右臂，切勿鬆脫。

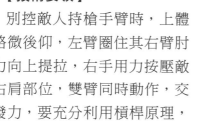

【技術應用 2】

(1) 敵人於我身後用手槍抵頂頭部右側，挾持威逼我，我佯裝順從，緩慢舉起雙手（圖 8-2-42）。

(2) 趁敵人不備之際，我迅速將左臂向右伸展，用左手抓住敵人手槍槍身部位，使勁向外推撐，令其槍口遠離我頭部（圖 8-2-43）。

圖 8-2-42

圖 8-2-43

353

（3）旋即，右腳向右後方移動半步，身體隨之右轉，右臂屈肘向上提掛住敵人右肩外側，左手攥緊其槍身順勢向前下方推壓，雙臂協同動作，針對其右臂肘實施反關節控制（圖 8-2-44）。

圖 8-2-44

（4）進一步，右手抓握住敵人手槍之槍管部位，上體前俯，雙手一併用力向下扣壓，實施搶奪（圖 8-2-45）。

圖 8-2-45

（5）成功搶奪下敵人的手槍後，迅速撤步，持槍指向敵人（圖 8-2-46）。

【技術要領】

左手抓推槍身的動作要準確、有力，隨後的移步、轉身動作要聯貫協調。折控

圖 8-2-46

敵人右臂時，雙手同時動作，交錯發力，要充分利用槓桿原理，折傷其臂肘，才能順利地將槍支搶奪下來。

四、手槍背後低位威脅的防禦與反擊

【技術應用 1】

(1) 敵人右手持槍由我身後挾持我，突然將其槍口抵住我後背，命令我舉起雙手，並命令我跟隨其離開，我假意順從，緩慢舉起雙手，但要刻意將肘尖放低，兩肘儘量緊貼腰部（圖 8-2-47）。

(2) 趁敵人不備之際，我身體猛然向右側擰轉，同時右臂屈肘，隨轉體向右後方快速擺動，以小臂和肘尖外側為力點磕擊敵人持槍右手手背，令其右手臂向左側水平位移，及時閃開其手槍火力射擊線（圖 8-2-48）。

圖 8-2-47　　　　　　　圖 8-2-48

(3) 緊接著，右手向下、向右移動，自敵人右臂下方繞過，再向上、向左繞至對方右肘肘窩上方，右臂屈肘，右手用力向下按壓其肘窩部位，以右手臂纏住其持槍手

圖 8-2-49

臂，用肘窩夾別住敵人右手腕部，令敵人右手挫傷，手槍鬆脫（圖 8-2-49）。

(4) 繼而，左手伸出迅速抓住自己右手，突然俯身彎腰，瞬間的別控敵人右手臂肘，導致對方身體重心失衡，仰面摔倒，束手就擒（圖 8-2-50）。

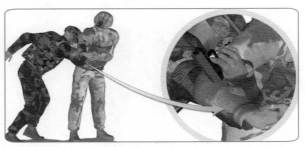

圖 8-2-50

【技術要領】

此勢在使用時，首先要確認敵人是用右手持槍，轉體回身速度要快。右臂的磕擋、纏繞、別挫動作要聯貫，發力順暢，一氣呵成。

俯身摔倒敵人時，左手抓住右手向內回拉，上體略左擰轉，右肩用力向前下方扣壓，利用槓桿原理，上下交錯用力來控制其持槍手臂，瞬間動作可令敵人手臂折斷。

【技術應用 2】

(1) 敵人右手持槍由我身後挾持我，突然將其槍口抵住我後背，命令我舉起雙手，並命令我跟隨其離開，我假意順從，緩慢舉起雙手，但要刻意將肘尖放低，兩肘儘量緊貼腰部（圖 8-2-51）。

圖 8-2-51

(2) 趁敵人不備之際，我身體猛然向右側擰轉，同時右臂屈肘，隨轉體向右後方快速擺動，以小臂和肘尖外側為力點磕擊敵人持槍右手手背，令其右手臂向左側水平位移，及時閃開其手槍火力射擊線（圖 8-2-52）。

(3) 緊接著，身體繼續右後轉，左手隨勢迅速自上而下扣抓住敵人右手腕部，同時右手內旋，繼而自下而上抓住敵人手槍槍管，用力向上掰（圖 8-2-53）。

圖 8-2-52

圖 8-2-53

357

(4) 雙手同時用力，別壓敵人手腕和握槍手指，令其鬆手，將其手槍奪下之後，右手攥緊槍管，順勢以右拳拳背為力點向前猛擊敵人面部，令其鼻口躥血（圖 8-2-54）。

(5) 繼而，迅速撤步後退，與敵人拉開距離，雙手舉槍控制局面（圖 8-2-55）。

圖 8-2-54　　　　　　　　　圖 8-2-55

【技術要領】

身體右轉、右小臂磕擊敵人持槍右手手背的目的是改變其槍口指向，及時將身體閃到其槍口射擊範圍以外。搶奪敵人手槍時，右手一定要牢牢抓住槍管部位，注意切勿將手堵住槍口，左手牢牢抓握其手腕，雙手動作配合協調。奪槍之後的後續打擊要聯貫、兇狠，不論打擊是否奏效都要迅速持槍指向對方，並注意防範其反撲。

【技術應用 3】

(1) 敵人右手持槍由我身後挾持我，突然將其槍口抵住我後背，命令我舉起雙手，我假意順從，緩慢舉起雙

手，但要刻意將肘尖放低（圖 8-2-56）。

圖 8-2-56

(2) 趁敵人不備之際，我身體猛然向左後方擰轉，及時閃開其手槍口射線，同時左臂屈肘，隨轉體向左後方快速擺動，以小臂和肘尖外側為力點磕擊敵人持槍右手腕部內側，令其右手臂水平位移（圖 8-2-57）。

(3) 緊接著，左臂內旋，左手向下、向左移動，自敵人肘下繞過，再向上、向右纏繞控制住敵人持槍手臂（圖 8-2-58）。

圖 8-2-57

圖 8-2-58

(4) 隨即，我右手抓住左手，身體迅速向右擰轉，上體前下俯，左小臂用力向下扣壓敵人右肩關節，右手配合左手一併向下拉扯，雙臂協同動作，針對敵人持槍手臂進行鎖控、別折（圖 8-2-59）。

圖 8-2-59

(5) 身體繼續右轉，左肩隨勢向前推頂，小臂繼續向下鎖壓敵人肩部，雙手協同動作，瞬間將敵人摔倒（圖 8-2-60）。

圖 8-2-60

（6）敵人倒地後，我雙腿隨即屈膝跪地，身體重心前移，左肩向前下方推頂敵人持槍手臂，右手迅速抓住敵人手槍槍管，用力向下拉扯搶奪（圖 8-2-61）。

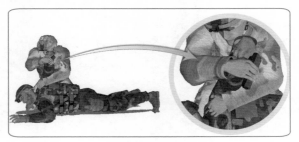

圖 8-2-61

（7）將敵人手槍奪下後，右手要配合左手繼續控制住對方右手手臂（圖 8-2-62、圖 8-2-63）。

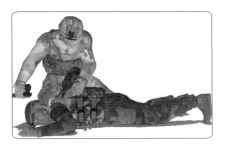

圖 8-2-62

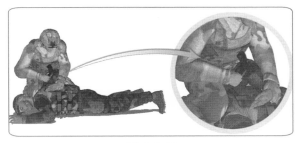

圖 8-2-63

（8）繼而，在占據優勢的情況下，要迅速用敵人的手槍指向對方，令其徹底屈服（圖8-2-64）。

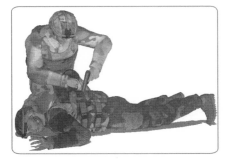

圖 8-2-64

【技術要領】

左臂纏繞敵人右手臂的目的不僅是控制其肘關節，主要目的是將敵人右小臂與持槍手擱置於自己左側肩上，迫使其手槍火力射擊線無法指向自己，這是關鍵所在。鎖控其肩部時，身體重心要前移，配合發力。敵人倒地後，我雙腿要迅速屈膝下跪，

並用雙膝頂住敵人頭部和上體，防止其就地翻滾。地面奪槍與控制敵人的時候，要始終將敵人的右手手臂夾於我兩大腿之間，最終可以用右膝跪壓住敵人的脖頸，使其頭、肩、腰、臂、肘均被牢牢控制，無半點反抗機會。

【技術應用 4】

(1) 敵人右手持槍由我身後挾持我，突然將其槍口抵住我後背，命令我舉起雙手，並命令我跟隨其離開，我假意順從，緩慢舉起雙手，但要刻意將肘尖放低（圖 8-2-65）。

(2) 趁敵人不備之際，我身體猛然向右側擰轉，躲閃開射擊線，同時右手隨勢向下、向右、向上擺動至敵人持槍手臂上方，以肩部擔住其右手（圖 8-2-66）。

圖 8-2-65

圖 8-2-66

(3) 與此同時，左手向右、向外推擋敵人右手手背，雙手協同動作，形成對敵人持槍手臂的控制（圖 8-2-67）。

(4) 緊接著，右手臂用力向下砸壓敵人持槍手臂之肘窩處，屈肘、回拉，右肩頭用力向前頂其手腕左手順勢抓握住敵人手槍槍管部位，猛然下拉，瞬間繳械（圖 8-2-68）。

圖 8-2-67

圖 8-2-68

【技術要領】

　　轉體、閃身動作要敏捷，雙手動作配合協調。右手臂向下砸壓，導致敵人手臂彎屈後，右小臂要繼續內旋，與右肩前頂動作配合，以達到控制鎖別敵人右臂肘的目的。

　　搶奪敵人手槍時，右手一定要牢牢抓住槍管部位，注意切勿將手堵住槍口。

【技術應用5】

(1) 敵人右手持槍由我身後挾持我，突然將其槍口抵住我後背，命令我舉起雙手，並命令我跟隨其離開，我假意順從，緩慢舉起雙手，但要刻意將肘尖放低（圖8-2-69）。

(2) 趁敵人不備之際，我身體猛然向右側擰轉，同時右臂屈肘，隨轉體向右後方快速擺動，以小臂和肘尖外側為力點磕擊敵人持槍右手手背，令其右手臂向左側水平位移，及時閃開其手槍火力射擊線（圖8-2-70）。

圖 8-2-69

(3) 緊接著，身體繼續右後轉，右手順勢刁抓住敵人右手手腕根部，並用力向右下方拉扯，同時左拳隨轉體猛擊敵人後腦，予以重創（圖8-2-71）。

圖 8-2-70

圖 8-2-71

（4）繼而，身體繼續向右轉動，左腳隨轉體猛然向前勾踢敵人右腳踝關節後側，導致其身體重心失衡，同時左拳在擊打之後配合左腳再用力向後揮舞、掄砸敵人頭頸部位，上下肢同時動作，交錯發力，瞬間將敵人摔倒（圖8-2-72）。

圖 8-2-72

（5）將敵人摔倒後，迅速用左腳踩住其持槍手臂腕部，並用力碾踏，同時身體重心下沉，右腿順勢屈膝下跪，以右膝蓋為力點猛跪敵人褌腹部，右拳配合下肢動作捶擊其面部（圖 8-2-73）。

圖 8-2-73

【技術要領】

轉體、閃身動作要敏捷，抓握敵人持槍手腕動作要準確、牢固，防止其手腕擺動、改變射擊線。擺拳出手發力的瞬間要擰腰、轉胯、送肩，藉以增加出拳的速度和力量。左腳勾踢要以小腿脛骨為力點，擊打部位是對方腳踝後側，出擊時要求動作乾脆、發力順暢、擊點準確，上下

365

肢配合協調。敵人倒地後的進一步控制與打擊，動作速度
要快，切勿遲疑，防止對方就地翻滾，負隅頑抗。

【技術應用6】

(1) 敵人右手持槍由我身後
挾持我，突然將其槍口抵住我後
腦或者後頸，命令我舉起雙手，
並命令我跟隨其離開，我假意順
從，緩慢舉起雙手，但要刻意將
肘尖抬高，儘量保持與肩同齊，
為反擊做好準備（圖8-2-74）。

(2) 趁敵人不備之際，我身
體猛然向右後方擰轉，右臂隨勢

圖8-2-74

向右後方擺動，經敵人右手臂上方劃過，並用右腋窩夾住
其持槍手腕（圖8-2-75）。

圖8-2-75

(3) 緊接著，身體繼續右轉，左腳隨勢向前邁進一
步，落腳於敵人右腳前方，與敵人拉近距離，右臂屈肘，
以腋窩牢牢夾緊敵人右手腕，同時左手握拳，隨上步由敵

人左臂腋下穿過，以拳背為力點外翻崩打敵人面門（圖8-2-76）。

(4) 繼而，身體繼續右轉，左拳內旋，以拳輪為力點直臂向左下方撩打敵人襠部要害，右手向右順勢抓住敵人右手腕部，同時上體向右前方俯身，以左胸部抵壓對方臂肘，左腳配合向左後方撩掛，別拌敵人下肢（圖8-2-77）。

圖 8-2-76　　　　　　　　　圖 8-2-77

(5) 上下肢協同動作，瞬間將敵人摔倒，敵人倒地一剎那，我左臂迅速圈攬住敵人頸部，身體側壓於敵人背後，右手抓緊其持槍手腕向右方扳拉，令其肘關節反關節控制於我腹前（圖8-2-78）。

圖 8-2-78

(6) 隨後，迅速伸出左手攫住槍管，搶奪其手槍（圖 8-2-79）。

(7) 進一步可以揮舞手槍，以槍柄擊打敵人頭部（圖 8-2-80）。

圖 8-2-79

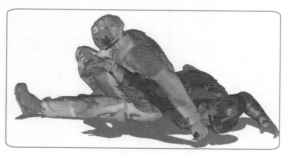

圖 8-2-80

【技術要領】

右後轉身速度要快，步法要靈敏，迅速靠近敵人。左拳外翻崩打時，右臂一定要夾緊對方持槍手腕，同時左大臂內要儘量向上提拉，雙臂配合，協調動作。

擊打敵人頭部的同時，針對其持槍手臂予以別控，可導致其肘關節折斷。倒地後控制敵人右臂的同時，利用身體的重力與左臂的圈攬，可針對敵人的後背脊椎進行創

擊。整個動作聯貫、協調，令其防不勝防。

五、手槍側面高位威脅的防禦與反擊

【技術應用1】

(1) 敵人右手持槍由我身體右側挾持我，其槍口指向我頭部右側太陽穴部位，命令我舉起雙手，並擺動槍口示意我跟其離開，我假意順從，緩慢舉起雙手，雙手略微提高（圖8-2-81）。

(2) 趁敵人不備，我身體猛然向右擰轉、躲閃開射擊線，同時左手迅速抓住敵人右手手腕根部，並用力向外推撐，右手順勢繞至敵人右肘肘窩處（圖8-2-82）。

圖 8-2-81　　　　　　　　圖 8-2-82

(3) 緊接著，身體猛然左轉、俯身，右小臂用力向下砍壓敵人右臂肘窩部位，左手掐住敵人右手使勁向前下方翻擰，雙手協同動作，瞬間折別其右臂肘，令其因劇痛而放鬆對槍支的控制（圖8-2-83）。

(4) 繼而，右手迅速抓握住敵人手槍槍管部位，外旋翻擰，成功繳械（圖8-2-84）。

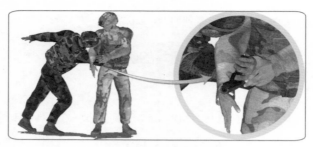

圖 8-2-83

圖 8-2-84

【技術要領】

　　轉體、閃身動作要敏捷,抓握敵人持槍手腕動作要準確、牢固,防止其手腕擺動、改變射擊線。雙手別控敵人持槍手臂的動作要求乾淨俐落,左右手配合協調,借轉體俯身動作發力。整個動作聯貫、協調,切勿拖泥帶水。

【技術應用 2】

　　(1) 敵人右手持槍由我身體右側挾持我,其槍口指向我頭部右側太陽穴部位,命令我舉起雙手,並擺動槍口示意我跟其離開,我假意順從,緩慢舉起雙手,雙手略微提高(圖 8-2-85)。

　　(2) 趁敵人不備,我身體猛然向右側擰轉、低頭、躲

閃開射擊線，右手順勢抓住敵人右手手腕根部，並用力向外推撐，牢牢控制其持槍手臂（圖 8-2-86）。

圖 8-2-85

圖 8-2-86

（3）緊接著，身體繼續右轉，隨勢左腳抬起，隨轉體以腳掌為力點猛力踩踏對方右腿膝蓋部位（圖 8-2-87）。

（4）繼而，左腳落步，落腳於敵人右腳前方，右手使勁向右後方拉扯敵人持槍手臂，同時左手握拳，隨轉體落步動作，掄動出擊，以拳面為力點擺擊敵人後腦（圖 8-2-88）。

圖 8-2-87

圖 8-2-88

【技術要領】

轉體、閃身動作要敏捷，抓握敵人持槍手腕動作要準確、牢固，防止其手腕擺動、改變射擊線。轉身、抬腿、踩踏這一系列動作要求聯貫、協調，避免動作脫節，踩踏的部位要準確，出腳瞬間可令敵人膝關節折斷。擺拳出手發力的瞬間要擰腰、轉胯、送肩，藉以增加出拳的速度和力量。

【技術應用 3】

(1) 敵人右手持槍由我身體左側挾持我，其槍口指向我頭部左側太陽穴部位，命令我舉起雙手，並擺動槍口示意我跟其離開，我假意順從，緩慢舉起雙手，雙手略微提高（圖 8-2-89）。

(2) 趁敵人不備，我身體猛然向左側擰轉，身體重心前移，左腳向前上步，落腳於敵人右腳後側，同時左手內旋向外刁抓住敵人右手手腕根部，並用力向外推撐，牢牢控制其持槍手臂，右手手掌隨轉體直臂向前猛戳敵人咽喉，力達指尖（圖 8-2-90）。

圖 8-2-89

圖 8-2-90

（3）緊接著，身體繼續左轉，右手順勢抓住敵人右肩頭，右腳抬起、用力由敵人身體右側向前擺起（圖 8-2-91）。

（4）隨即，右腳用力向右後方擺動，用右腿向後猛勾切對方右腿後側，同時上體前俯，右手使勁向前推搡，瞬間將敵人摔倒在地（圖 8-2-92）。

圖 8-2-91　　　　　　圖 8-2-92

（5）敵人倒地瞬間，我也順勢隨之撲倒，右臂屈肘，以小臂為力點，於倒地後猛壓敵人頸部，令其連續遭受打擊（圖 8-2-93）。

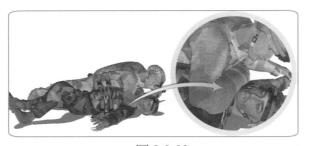

圖 8-2-93

【技術要領】

抓握敵人持槍手腕動作要準確、牢固，防止其手腕擺動。轉體、上步動作要快，落腳的部位要準確，一定要落於敵人右腳後側。右手指尖的戳擊要穩、準、狠，一擊可致其瞬間窒息。右腳抬起、前擺、後勾這一系列動作要聯貫、協調，發力順暢，同時注意上下肢動作一致。倒地時要注意自身安全，上身要儘量撲壓於上身上。

整個動作過程中，左手要始終牢牢控制住敵人持槍手臂，經過跌摔和連續的打擊後，其手槍勢必鬆脫。

六、手槍側面低位威脅的防禦與反擊

【技術應用1】

(1) 敵人右手持槍由我身體右側挾持我，其槍口指向我右側腰肋部位，命令我舉起雙手，並伸出左手欲解除我的武器，我假意順從，緩慢舉起雙手，但要刻意將肘尖放低（圖8-2-94）。

圖 8-2-94

(2) 趁敵人不備，我身體猛然向右側擰轉、躲閃開射擊線，同時左手迅速抓住對方右手腕根部，用力向外推擋（圖8-2-95）。

(3) 緊接著，身體左轉，左手用力翻腕、擰轉敵人持槍手腕，令其肘關節轉向外側，並向左上方拉扯，將其臂肘儘量拉直，同時右手握拳，隨勢以勾拳猛擊敵人腹部，力達拳面（圖8-2-96）。

圖 8-2-95 　　　　　　　　圖 8-2-96

(4) 敵人腹部遭到打擊後，其身體勢必前俯、低頭，我右臂屈肘自下而上勾攬敵人右臂肘關節外側，左手順勢向外推撐，雙手交錯用力以別折其右肘關節，令其創傷，同時右腳可以向後撤回半步，以輔助上肢動作正確發揮效力（圖 8-2-97）。

圖 8-2-97

(5) 繼而，趁敵人彎腰之際，身體重心向前移動，右腿屈膝提起，以膝蓋為力點向前上方用力頂撞對方胸腹部或者面部（圖 8-2-98）。

375

閃身、轉體速度要快，推抓敵人持槍手腕的部位要準確、牢固，令其手腕無法擺動。雙手別折敵人持槍臂肘時，一定要交錯用力，左右手配合協調。頂膝時，身體重心向前過渡的速度要迅捷，右腿起腿要快，髖部要向前放出，提膝上頂時可以適當收

圖 8-2-98

腹。支撐腿略微彎曲，以保持身體的平衡穩定。頂膝時，雙手要牢牢控制住敵人持槍手臂，並儘量回拉，縮短交手距離後，打擊才能行之有效。

【技術應用 2】

(1) 敵人右手持槍由我身體右側挾持我，其槍口指向我右側腰肋部位，命令我舉起雙手，並伸出左手欲解除我的武器，我假意順從，緩慢舉起雙手，但要刻意將肘尖放低（圖 8-2-99）。

(2) 趁敵人不備，我身體猛然向右側擰轉、躲閃開射擊線，右

圖 8-2-99

手自上而下順勢刁抓住敵人右手腕腕根部，牢牢控制其持槍手臂（圖 8-2-100）。

(3) 緊接著，左腳快速上步，落步於敵人雙腿後側，身體右轉，同時左臂屈肘、隨上步近身勾鎖住敵人脖頸，右

手抓住敵人右腕向後拉扯，以右肋胯頂別其右肘關節，令其持槍手臂遭受重創（圖8-2-101）。

(4) 繼而，我左腳向後退一步，身體重心突然下沉，左臂後拉，令恐怖分子身體失去平衡，向後摔倒，同時以左肩頭頂住敵人後腦，瞬間可折斷其頸椎（圖8-2-102）。

圖 8-2-100

圖 8-2-101

圖 8-2-102

【技術要領】

閃身、轉體速度要快，刁抓敵人持槍手腕的部位要準確、牢固，令其手腕無法擺動。上步、轉體動作要敏捷，鎖喉手臂要儘量屈肘夾緊。

整個動作要求迅捷聯貫，後退步時重心下沉要突然，左側肩部一定要配合左臂鎖頸動作向前擠頂對手後腦，交錯用力，以導致其頸椎折斷。

第三節 ▶ 長槍威脅的防禦與反擊技術

長槍包括散彈槍、突擊步槍等等，相對於短槍而言，它的威懾力突出，傷害性也更大。但是在近身格鬥過程中，它的靈活性比較差，所以，事實上針對長槍的搶奪要比搶奪手槍更容易些。

一、長槍正面威脅的防禦與反擊

【技術應用 1 】

(1) 敵人由正面雙手端長槍威脅我，我保持冷靜，沉著應對（圖 8-3-1）。

(2) 我趁敵人不備，突然向右側閃身移步，同時伸出左手向外推開敵人長槍槍管位置，及時躲避開槍口指向（圖 8-3-2）。

圖 8-3-1

圖 8-3-2

(3) 旋即，左手抓住其槍管，用力向左後方拉扯，同時右腳上步，逼近敵人，身體順勢左轉，右臂屈肘抬起，隨身體轉動之勢，以小臂外側為力點猛力磕擊敵人左臂肘關節外側（圖 8-3-3）。

(4) 繼而，可以用左手抓住敵人左手腕部，用力翻擰，右手配合左手動作按壓其肘關節外側，迫使敵人俯身，同時飛起左腳連續踢擊敵人的面部，令其徹底屈服（圖 8-3-4）。

圖 8-3-3

圖 8-3-4

【技術要領】

左手攥緊敵人槍管用力朝左後方拉扯的目的，並不是搶奪槍支，而是迫使對方將左臂伸直，為下一步針對其肘關節的撞擊埋下伏筆。用右小臂磕撞敵人左臂肘關節時，要充分利用上步轉身的動勢實施動作。

【技術應用 2】

(1) 敵人由正面雙手端長槍威脅我，我趁其不備，突然用左手向右外側推擋其長槍槍管部位，令其槍口指向發生偏移（圖 8-3-5）。

(2) 旋即，身體猛然左轉，右腳快速向前上一大步，逼近對方，同時右臂屈

圖 8-3-5

肘，突然抱住敵人長槍的槍身部位，左手揮拳連續擊打敵人面門（圖 8-3-6、圖 8-3-7）。

(3) 進一步也可以用左拳連續擊打其襠部（圖 8-3-8）。

圖 8-3-6

圖 8-3-7　　　　　　　　　　　圖 8-3-8

【技術要領】

轉身上步抄抱敵人長槍時，一定要以右側腋窩牢牢夾緊槍管部位，使其槍口無法指向我的身體。擊打動作要連續、兇狠，令敵人猝不及防。

二、長槍背後威脅的防禦與反擊

【技術應用】

(1) 敵人由背後端長槍對我進行威脅，命令我服從其指揮（圖 8-3-9）。

(2) 趁敵人不備之際，我身體猛然向右後方擰轉，右臂隨勢揮舞擺動，以手臂外側為力點向後阻格對方槍管部位，迫使其槍械的射擊線偏轉方向（圖 8-3-10）。

圖 8-3-9

381

(3) 動作不停，身體繼續右後轉，與敵人面對面，右臂迅速屈肘扣攬住槍身，左手扣抓住槍托部位（圖8-3-11）。

(4) 旋即，抬起右腿，以膝蓋為力點連續衝撞對方褲腹部（圖8-3-12）。

(5) 隨後，右腳落步，上體前俯，左手抓牢槍托

圖 8-3-10

部位，右臂夾緊槍身，身體左轉，以槍管為力點磕砸敵人面部，迫使其放鬆武器（圖8-3-13、圖8-3-14）。

【技術要領】

搶奪槍支之前，要先將敵人的槍口撥開，這是前提，只有在成功改變敵人槍口指向情況下才能順利實施搶奪。用膝蓋攻擊敵人時，雙臂要用力向懷中拉扯對方的槍支。

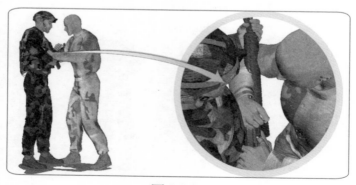

圖 8-3-11

圖 8-3-12

圖 8-3-13

圖 8-3-14

英國皇家特種部隊格鬥術

SAS 防暴制敵經典教範

編　　著｜張　海
編 譯 者｜王躍平

發 行 人｜蔡森明
出 版 者｜大展出版社有限公司
社　　址｜台北市北投區致遠一路 2 段 12 巷 1 號
電　　話｜（02）28236031・28236033・28233123
傳　　真｜（02）28272069
郵政劃撥｜01669551
網　　址｜www.dah-jaan.com.tw
電子郵件｜service@dah-jaan.com.tw

登 記 證｜局版臺業字第 2171 號
承 印 者｜傳興印刷有限公司
裝　　訂｜佳昇興業有限公司
授 權 者｜山西科學技術出版社
排 版 者｜菩薩蠻數位文化有限公司
初版 1 刷｜2016 年 11 月
初版 3 刷｜2024 年　2 月

定　　價｜380 元

國家圖書館出版品預行編目 (CIP) 資料

英國皇家特種部隊格鬥術：SAS 防暴制敵經典教範
　／張海編著，
　──初版──臺北市，大展出版社有限公司，2016.11
　　　面；21 公分──（武術武道技術；11）
　ISBN 978-986-346-133-3（平裝）
　1.CST: 武術
　528.97　　　　　　　　　　　　　　　105017145